新一代信息软件技术丛书

成都中慧科技有限公司校企合作系列教材

李洪建 游学军◉主 编

李真 刘辉 朱晓彦◉副主编

HTML5与CSS3程序设计

HTML5 and CSS3 Programming

人民邮电出版社

北京

图书在版编目（CIP）数据

HTML5与CSS3程序设计 / 李洪建，游学军主编. -- 北京 : 人民邮电出版社，2022.6（2022.8重印）
（新一代信息软件技术丛书）
ISBN 978-7-115-58715-2

Ⅰ. ①H… Ⅱ. ①李… ②游… Ⅲ. ①超文本标记语言—程序设计—高等职业教育—教材②网页制作工具—高等职业教育—教材 Ⅳ. ①TP312.8②TP393.092.2

中国版本图书馆CIP数据核字(2022)第029225号

内容提要

本书按照Web前端工程师岗位技能要求，以真实项目组织内容，由浅入深地讲解了如何利用HTML5和CSS3等网页制作技术制作网站。本书共分为7个项目，项目1为Web前端基础的相关介绍；项目2和项目3包含HTML和CSS的基础知识、常用标签、CSS基础语法及选择器等内容；项目4和项目5介绍了HTML5语义化标签、CSS3的新特性等；项目6主要介绍JavaScript编程基础等；项目7为综合实践。全书以任务为导向，通过多个项目将知识点贯穿起来，并辅以实例，以此激发读者的学习兴趣。

本书可作为高等职业院校计算机相关专业的教材，也可作为计算机行业相关从业人员的自学参考书。

◆ 主　　编　李洪建　游学军
副 主 编　李　真　刘　辉　朱晓彦
责任编辑　王海月
责任印制　马振武

◆ 人民邮电出版社出版发行　　北京市丰台区成寿寺路11号
邮编　100164　　电子邮件　315@ptpress.com.cn
网址　https://www.ptpress.com.cn
固安县铭成印刷有限公司印刷

◆ 开本：787×1092　1/16
印张：17　　　　2022年6月第1版
字数：514千字　　　　2022年8月河北第2次印刷

定价：59.80元

读者服务热线：(010)81055493　印装质量热线：(010)81055316
反盗版热线：(010)81055315
广告经营许可证：京东市监广登字20170147号

编辑委员会

主　编：李洪建　游学军

副主编：李　真　刘　辉　朱晓彦

编写组成员：王延亮　徐　镇　于腾飞　岳倩倩　陈　键　侯仕平

前言 FOREWORD

本书依据 Web 前端工程师岗位技能要求以及《Web 前端开发职业技能等级标准》精心设计了内容和项目案例，每个项目首先以真实案例导入，然后介绍关键知识点和技能点，最后完成案例制作。通过实用的案例、通俗易懂的语言，学生能够掌握利用 HTML5、CSS3 及 JavaScript 进行网站制作的关键技术。

本书由校企团队共同编写，共分为 7 个项目。项目 1 介绍 Web 前端的发展历史和 Web 前端开发工具及学习路线；项目 2 主要介绍 HTML 基础知识、标签等；项目 3 介绍 CSS 基础语法、选择器、盒模型、浮动与定位等相关知识；项目 4 介绍如何通过音频、视频以及语义化标签等构建网站；项目 5 介绍 CSS3 新特性，主要包括弹性布局、过渡和动画等；项目 6 介绍 JavaScript 基础知识、数据类型、三大结构、函数、文档对象模型和浏览器对象模型等；项目 7 是综合案例，按照工程师的思维，实现完整的环保网站项目的开发，最终使读者获得经验积累和能力提升。

在学习本书的过程中，建议读者通过实践理解并掌握书中的案例代码，在实践过程中遇到问题时多思考、多分析，分析问题产生的原因有助于加深对知识点的理解，积累解决问题的经验，更好地掌握网站开发的流程，最终掌握 Web 前端工程师岗位所要求的基本技能。

本书配备了丰富的教学资源，包括教学 PPT、源代码和习题答案，读者可以通过访问链接 https://exl.ptpress.cn:8442/ex/l/d2bf274a，或扫描下方二维码免费获取相关资源。

由于编者的水平有限，本书难免存在疏漏和不足之处，敬请广大读者批评、指正。

编者

目录 CONTENTS

项目 1

项目 2

项目 4

项目 5

项目 6

项目1 Web前端基础

01

▶ 内容导学

本项目主要包括认识 Web 前端和开发准备两个部分。在认识 Web 前端部分，通过 Web 前端发展历史、前端主要技术和 Web 前端学习路线，帮助读者建立对前端开发的基本认识；开发准备部分主要介绍 Web 前端开发的工具、如何选择合适的开发工具等。

▶ 学习目标

① 了解 Web 前端的发展历史。
② 了解 Web 前端主要技术。
③ 了解 Web 前端学习路线。
④ 认识并使用 Web 前端开发工具。

任务1　认识 Web 前端

1.1.1　Web 前端发展历史和前端主要技术简介

Web 出现于 1989 年 3 月，起源于欧洲核子研究组织（CERN，European Organization for Nuclear Research）的科学家伯纳斯-李（Berners-Lee）提出的关于信息管理的建议。1990 年 11 月，第一个 Web 服务器开始运行。1995 年著名的 Netscape Navigator 浏览器问世。随后，微软公司推出了 IE（Internet Explorer）浏览器。目前，与 Web 相关的各种技术标准都由万维网联盟（W3C，World Wide Web Consortium）管理和维护。从技术层面看，Web 的核心技术主要有脚本语言（JavaScript）、层迭样式表（CSS）和超文本标记语言（HTML），Web 具有图形化、与平台无关性、分布式、动态、交互 5 个特征。

1. HTML 简介

超文本标记语言（HTML，HyperText Mark-up Language）是一种简单、通用的置标语言，是目前网络上应用较为广泛的语言，也是构成网页文档的主要语言之一。它通过与其他的 Web 技术（如脚本语言、公共网关接口、组件等）结合，可以创建出功能强大的网页。因此，HTML 是 Web 编程的基础，也就是说，Web 是建立在 HTML 基础之上的。

2. CSS 简介

层迭样式表（CSS，Cascading Style Sheets）定义如何显示 HTML 元素。如果一个大型网页的所有代码都写在一个 HTML 文件中，就不容易管理，同时代码的简洁度也不高，所以将

HTML 文件内相同的样式提取出来，写在专门的 CSS 文件内，通过引用的方式展现，可以极大地提高代码的复用率和整体开发的效率。

3. JavaScript 简介

JavaScript 是一种嵌入 HTML 页面中的脚本语言，由浏览器一边解释，一边执行。JavaScript 是一种基于对象（Object）和事件驱动（Event Driven）的脚本语言，使用它的主要目的是增强 HTML 页面的动态交互性。

1.1.2 Web 前端学习路线

Web 前端开发工程师需要掌握 Web 前端开发的多项技术和语言，其中包含 HTML5、CSS3、JavaScript、jQuery、AJAX、Vue.js、React.js、Angular.js、微信小程序、Node.js 等。根据 Web 前端开发技术要求，本书制订了 Web 前端学习路线，如图 1-1 所示。本书只介绍 Web 前端开发的部分技术。

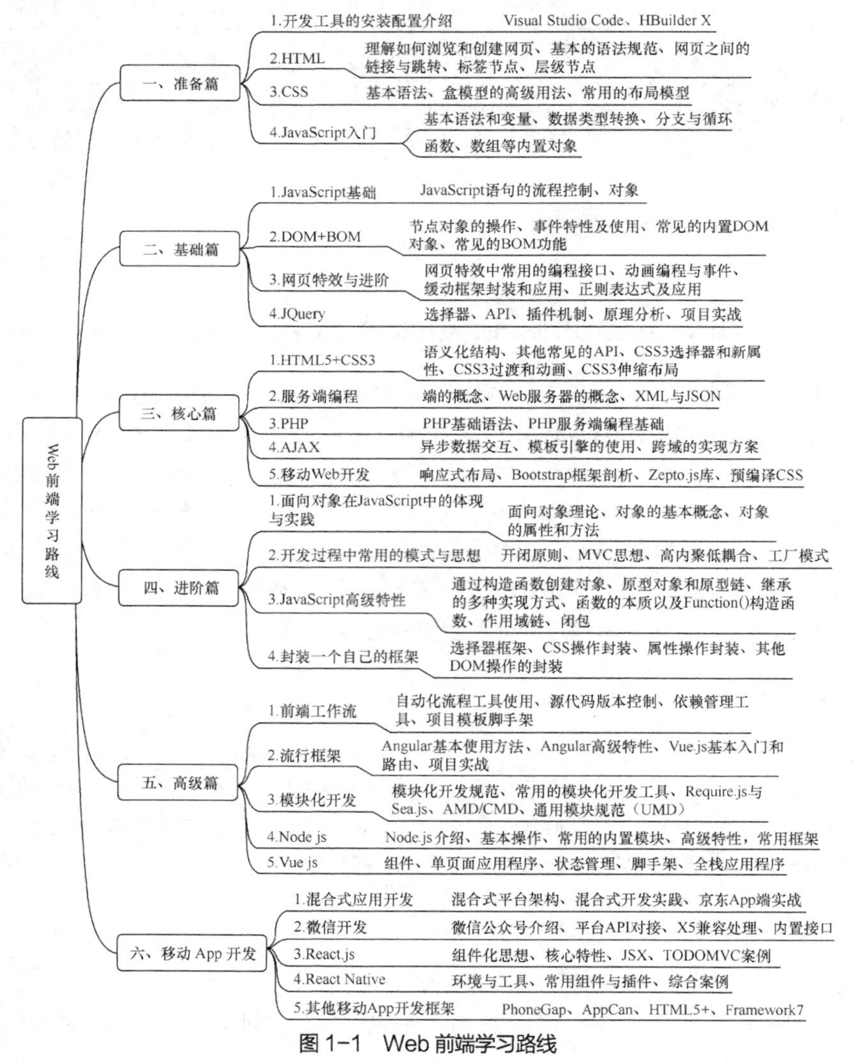

图 1-1　Web 前端学习路线

任务 2 开发准备

1.2.1 主流浏览器

浏览器是指可以显示网页服务器或者文件系统的 HTML 文件内容的一种软件，是用户与文件交互的一种软件，浏览器负责按照编码规则，将开发者编写的代码翻译成丰富多彩的网页。目前市场上主流浏览器有谷歌 Chrome 浏览器、Firefox（火狐）浏览器、IE 浏览器等，如图 1-2 所示。

图 1-2 谷歌、火狐、IE 浏览器图标

1. 谷歌 Chrome 浏览器

Chrome 浏览器由谷歌公司开发，中文名为“谷歌浏览器”，是一款开源的 Web 浏览器，整个界面干净清爽。软件优点：不易崩溃、速度快、几乎隐身、搜索简单、标签灵活、安全性高。

2. Firefox 浏览器

Firefox 浏览器，中文名为“火狐浏览器”，是一个开源的浏览器，由 Mozilla 基金会和开源开发者一起开发。Firefox 浏览器中包含大部分常用的插件，是当今最流行的浏览器之一。Firefox 浏览器可以在 Windows、Mac OS X、Linux 和 Android 上运行。

3. IE 浏览器

IE 浏览器是微软公司（Microsoft）发布的一款免费的 Web 浏览器。IE 浏览器发布于 1995 年，也是当今最流行的浏览器之一。

1.2.2 开发工具

Web 前端开发可采用多款开发工具，根据开发工具的特点及开发人员自身使用习惯，不同的开发人员可以选择对应的开发工具，主要应用的开发工具有 Visual Studio Code、HBuilder X、WebStorm、Sublime Text 等。本书主要介绍 Visual Studio Code 和 HBuilder X 两款开发工具的安装和使用方法。

1. Visual Studio Code

Visual Studio Code 是微软公司向开发者提供的可以运行于 Windows、Mac OS X 和 Linux 系统上的跨平台源代码编辑器。该编辑器的特点是开源、具有海量的扩展插件、轻量（不会占用大量的内存和 CPU）、功能强大。下面详细介绍 Visual Studio Code 的安装过程。

（1）打开 Visual Studio Code 官网，进入下载页面，根据自己的计算机系统下载对应版本，如图 1-3 所示。

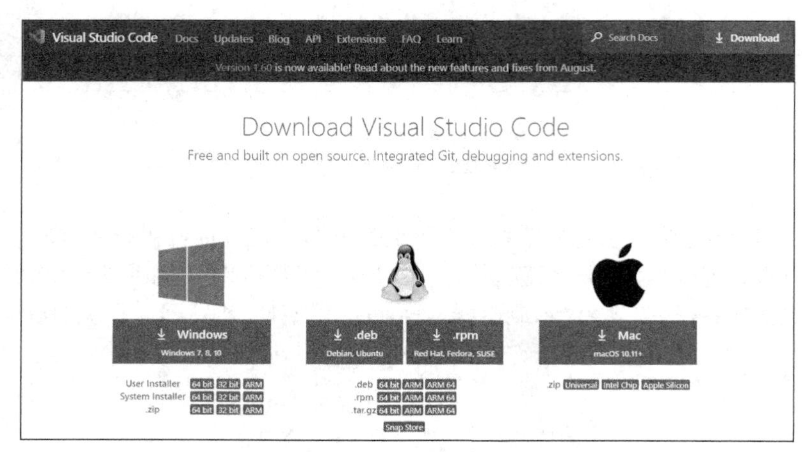

图 1-3　下载界面

（2）安装包下载完毕，单击鼠标右键，在弹出的菜单中选择“以管理员身份运行”，如图 1-4 所示。

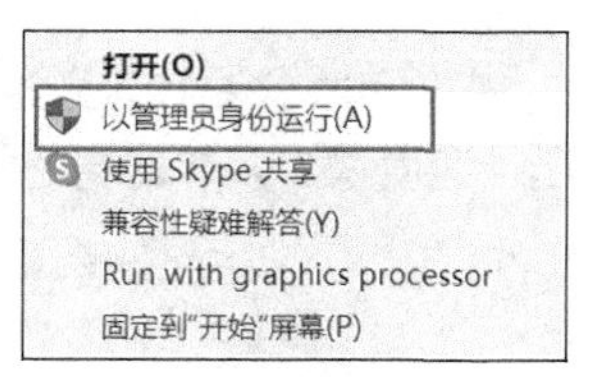

图 1-4　运行界面

（3）勾选“我同意此协议”，单击“下一步”按钮，如图 1-5 所示。

（4）选择“浏览”，更改软件安装目录，建议安装到 C 盘以外的磁盘中，单击“下一步”按钮，如图 1-6 所示。

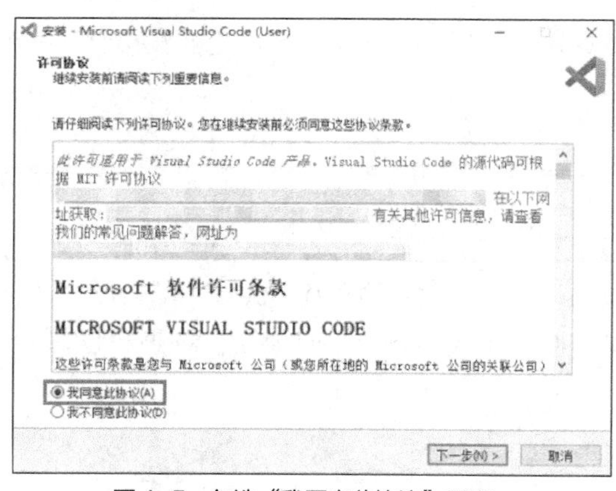

图 1-5　勾选“我同意此协议”界面

图 1-6　更改软件安装目录界面

（5）用户可根据个人开发环境需求选择附加任务并勾选对应选项，此处建议勾选“创建桌面快捷方式”和“添加到 PATH（重启后生效）”，单击“下一步”按钮，如图 1-7 所示。

（6）确认安装软件目标位置和附加任务等，如果有地址选择错误或者附加任务多选、漏选等情况，则可单击“上一步”按钮返回到上一步骤重新选择；如果确认无误，则直接单击“安装”按钮即可，如图 1-8 所示。

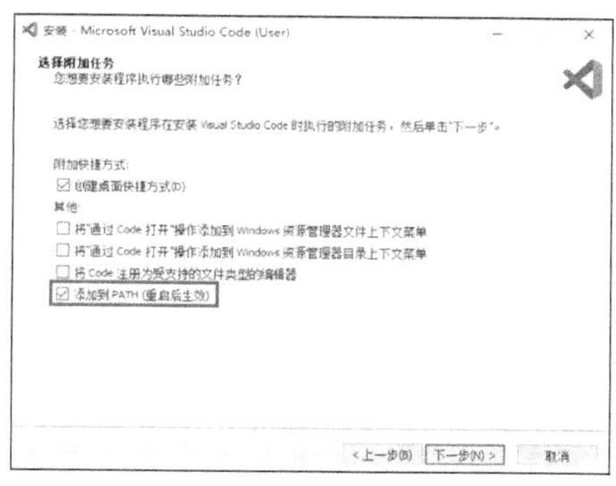

图 1-7　选择附加任务界面

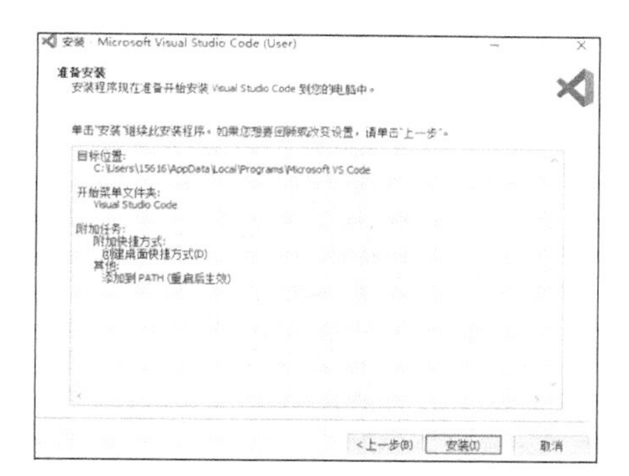

图 1-8　准备安装界面

（7）安装完成，单击“完成”按钮。如图 1-9 所示。
（8）软件运行界面如图 1-10 所示。

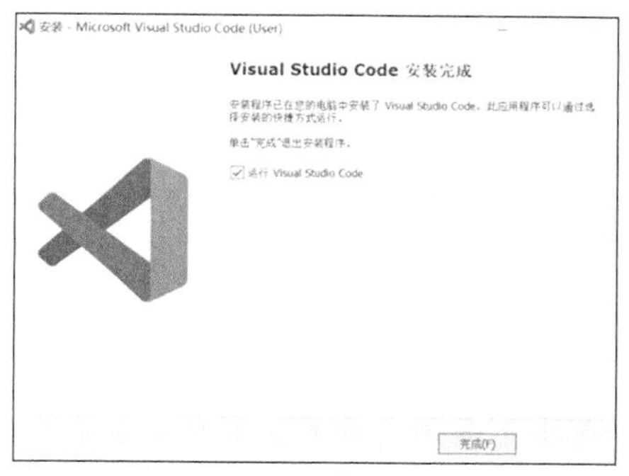

图 1-9　单击“完成”按钮

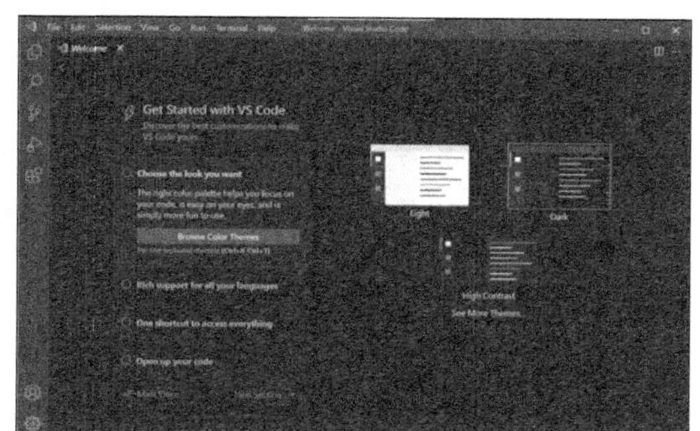

图 1-10　软件运行界面

2. HBuilder X

HBuilder X 是一款国产的专为 Web 前端开发打造的免费开发工具，特点是语法库全面、浏览器兼容、速度快，并且具有完整的语法提示和代码块。因此，它深受开发者青睐，是一款非常适合初学者使用的软件。下面将详细介绍 HBuilder X 的安装方法。

（1）打开 DCloud 官网，找到“HBuilder X 极客开发工具”图标，单击后出现下载界面，如图 1-11 所示。单击“DOWNLOAD”之后弹出提示框，如图 1-12 所示，根据开发人员的计算机系统下载对应版本，建议选择标准版。

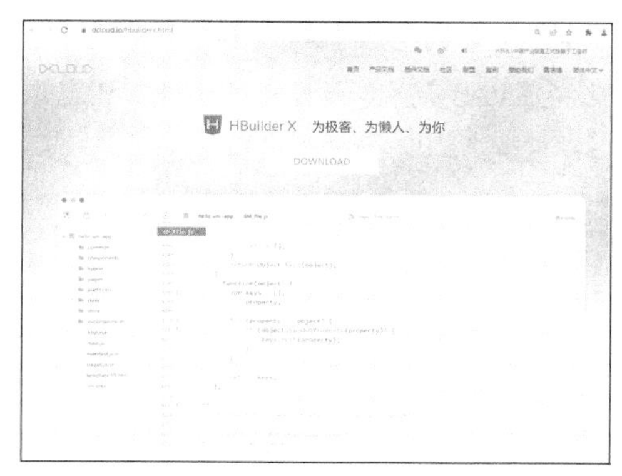

图 1-11　下载界面

图 1-12　下载标准版界面

（2）下载完成后，解压压缩包。双击解压文件夹目录下的“HBuilderX.exe”即可运行 HBuilder X 软件，如图 1-13 所示。

bin	2021/1/8 星期五 14:22	文件夹	
iconengines	2021/1/8 星期五 14:22	文件夹	
imageformats	2021/1/8 星期五 14:22	文件夹	
platforms	2021/1/8 星期五 14:22	文件夹	
plugins	2021/1/8 星期五 14:22	文件夹	
readme	2021/1/8 星期五 14:22	文件夹	
update	2021/1/8 星期五 14:22	文件夹	
CefClientSubProcess.exe	2020/12/31 星期四 2...	应用程序	191 KB
HBuilderX.dll	2021/1/8 星期五 14:21	应用程序扩展	12,550 KB
HBuilderX.exe	2021/1/8 星期五 14:21	应用程序	3,234 KB
libeay32.dll	2021/1/8 星期五 14:21	应用程序扩展	1,236 KB
license.md	2021/1/8 星期五 14:21	MD 文件	6 KB
qrencode.dll	2020/6/19 星期五 20:...	应用程序扩展	36 KB
qt.conf	2021/1/8 星期五 14:21	CONF 文件	1 KB
Qt5Core.dll	2021/1/8 星期五 14:21	应用程序扩展	4,533 KB
Qt5Gui.dll	2021/1/8 星期五 14:21	应用程序扩展	4,899 KB
Qt5Network.dll	2021/1/8 星期五 14:21	应用程序扩展	832 KB
Qt5Svg.dll	2021/1/8 星期五 14:21	应用程序扩展	250 KB
Qt5WebSockets.dll	2021/1/8 星期五 14:21	应用程序扩展	108 KB
Qt5Widgets.dll	2021/1/8 星期五 14:21	应用程序扩展	4,330 KB
Qt5WinExtras.dll	2021/1/8 星期五 14:21	应用程序扩展	231 KB
Qt5Xml.dll	2021/1/8 星期五 14:21	应用程序扩展	149 KB
QuaZIP.dll	2021/1/8 星期五 14:21	应用程序扩展	259 KB
ReleaseNote.md	2021/1/8 星期五 14:21	MD 文件	174 KB
reset.bat	2021/1/8 星期五 14:21	Windows 批处理...	3 KB
ssleay32.dll	2021/1/8 星期五 14:21	应用程序扩展	268 KB
uac.exe	2021/1/8 星期五 14:21	应用程序	27 KB

图 1-13　目录结构

（3）HBuilder X 运行界面如图 1-14 所示。

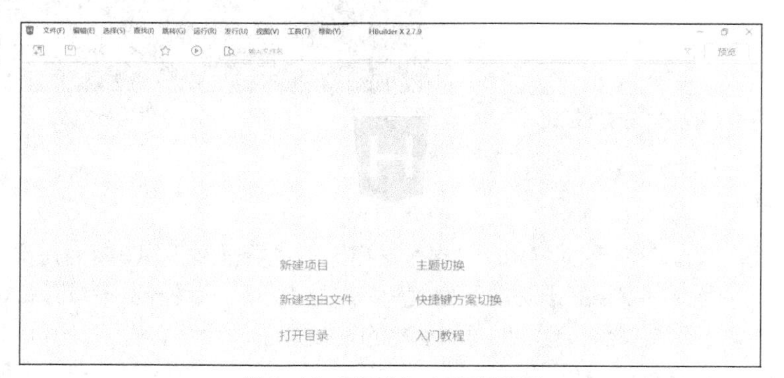

图 1-14　HBuilder X 运行界面

小结

本项目首先介绍了 Web 前端发展历史和主要技术，结合 Web 前端学习路线的设计，建立对 Web 前端开发的认识。读者通过认识开发工具和主流浏览器，为网页开发做好准备。

习题

选择题

（1）以下属于“前端”的概念或功能的是（　　）。

A. Web 系统中以网页等形式为用户提供的部分和用户能接触到的部分

B. Web 系统中负责数据存取的部分

C. Web 系统中负责平台稳定性与性能的部分

D. Web 系统中负责实现相应的功能、处理业务的部分

（2）以下说法中，错误的是（　　）。

A. 网页的本质就是 HTML 等源代码文件

B. 网页就是主页

C. 使用“记事本”编辑网页时，可将其保存为.htm 或.html 形式

D. 网站通常就是一个完整的文件夹

（3）超文本标记语言，即（　　），是目前网络上应用最为广泛的语言之一，也是构成网页文档的主要语言。

A. HTML　　B. CSS　　C. JavaScript　　D. Web

项目2 HTML快速入门

02

内容导学

本项目主要介绍我的第一个页面、每日新闻列表、课程信息表、校园调查报告、网站登录页 5 个任务。通过介绍我的第一个页面，读者能够了解 HTML 的基本格式、基础语法和 HTML 常用的标题标签、段落标签、文本修饰标签、空标签、块标签的用法；通过介绍每日新闻列表，读者能够了解列表标签、超链接、图像标签；通过介绍课程信息表，学习使用表格标签和常用属性；通过介绍校园调查报告，学习使用表单标签和相关控件；通过制作网站登录页，读者能够综合运用本项目介绍的知识点。

学习目标

① 了解 HTML 的基本结构和基本语法。
② 掌握 HTML 常用标签的使用方法。
③ 掌握列表、超链接、图像标签的用法。
④ 掌握表格、表单标签及属性的用法。

任务 1　我的第一个页面

2.1.1　案例描述

以李白的《静夜思》作为“我的第一个页面”案例，显示的内容主要由标题第一行、古诗、白话译文和创作背景（中间部分），以及落款（右下角部分）构成。案例效果如图 2-1 所示。

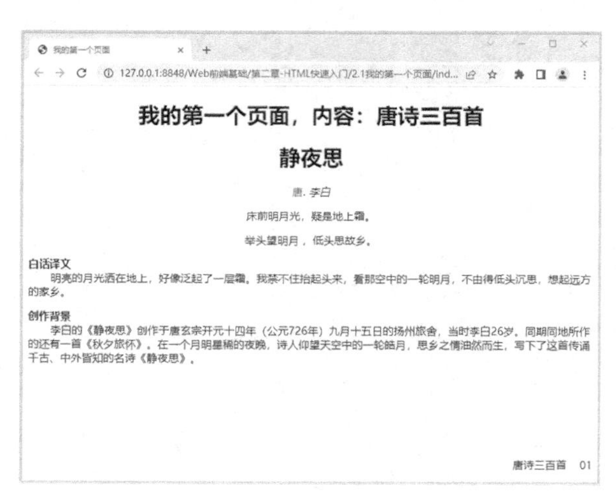

图 2-1　我的第一个页面

2.1.2 知识储备

HTML 文档制作简单，功能强大，支持不同数据格式的文件嵌入，这也是 HTML 流行的原因之一，归纳其主要特点如下。

简易性：HTML 是包含标签的文本文件，可使用任何文本编辑工具进行编辑，语言版本升级采用超集成方式，更加灵活、方便。

可扩展性：HTML 的广泛应用带来了增强标记功能，增加了标识符等要求，HTML 采取扩展子类元素的方式，为系统扩展提供了保证。

平台无关性：HTML 基于浏览器解释运行，目前所有的 Web 浏览器都支持 HTML，而与操作系统无关。

通用性：HTML 是网络的通用语言，是一种简单、通用的置标语言。它允许网页制作人创建文本与图片相结合的复杂页面，这些页面可以被网上其他人浏览到，无论他们使用的是什么类型的计算机或浏览器。

1. HTML 的基本格式

HTML 文档的基本格式主要包括<!DOCTYPE>（文档类型）声明、<html>（根）标签、<head>（头部）标签、<body>（主体）标签，具体介绍如下。

（1）<!DOCTYPE>（文档类型）声明

<!DOCTYPE>声明位于 HTML 文档的第一行，不属于 HTML 标签，用于规定 HTML 文档使用哪种 HTML 或 XHTML 标准规范，HTML 文档中的<!DOCTYPE>声明代码如下。

```
<!DOCTYPE html>
```

我们必须向 HTML 文档添加<!DOCTYPE>声明，这样浏览器才能获知文档类型，并按指定的文档类型进行解析。如果使用 HTML5 的<!DOCTYPE>声明，则会触发浏览器以标准兼容模式来显示页面。

（2）<html>（根）标签

<html>标签也称为根标签，是 HTML 中最基本的单位，以<html>开始，以</html>结束，在这两个标签中间嵌套其他标签。根标签告诉浏览器在这两个标签之间的内容是 HTML 文档，需要浏览器用 HTML 格式解释它。

（3）<head>（头部）标签

<head>标签用于描述页面的头部信息，是所有头部元素的容器，是文档的起始部分，主要用来描述文档的一些基本性质，通过嵌入的标签来实现，一般不会被当成网页的主体显示在浏览器中。<head>标签中最常用的是<title>标签和<meta>标签，其中，<title>标签用于定义网页的标题，在浏览器窗口的左上角显示，<meta>标签用来描述网页的元信息，如作者、关键字、页面刷新频率以及和其他文档的关系等。

（4）<body>（主体）标签

<body>标签也称为主体标签，位于<html>和</html>标签之内、<head>标签之后，与<head>标签是并列关系。一个 HTML 文档只能包含一对<body>标签。网页中显示的所有文本、图像、音频和视频等信息都必须位于<body>标签内，<body>标签中的信息是最终展示给用户的。

HTML 基本结构如下。

```
<!DOCTYPE html>
<html>
<head>
      <meta charset="utf-8">
      <title></title>
</head>
<body>
</body>
</html>
```

学习完 HTML 的基本格式，我们一起进行一个简单的案例练习，来体验如何制作一个最基本的页面。示例代码如下。

```
<!DOCTYPE html>
<html>
<head>
      <meta charset="utf-8">
      <title>第一个练习</title>
</head>
<body>
   你好!
</body>
</html>
```

案例结果显示如图 2-2 所示。

图 2-2　案例结果显示

2. HTML 专业术语及语法介绍

（1）网页和网站

网页：显示在一个窗口里的所有内容构成一个完整的网页。这些网页其实就是存放在世界某个角落的某台与互联网相连的计算机中的一个个文件。网页文件常见的类型有.htm、.html、.asp、.jsp、.php、.aspx 等。

网站：用于存放并有效地组织管理网页的集合，它存在于互联网的服务器中。网页是网站中的一页，是构成网站的基本元素。

（2）标签

在 HTML 页面中，带有“<>”符号的元素被称为 HTML 标签，如<html>、<head>、<body>等。标签的作用是放在“<>”标识符中表示某个功能的编码命令。为方便学习和理解，通常将 HTML 标签分为两大类，分别是“双标签”与“单标签”。

双标签：由开始和结束两个标识符组成，基本语法格式如下。

```
<标签名>内容</标签名>
```

单标签：指用一个标识符号即可完整地描述某个功能的标签，也称为空标签，基本语法格式如下。

```
<标签名/>
```

HTML 注释：在 HTML 中还有一种特殊的标签——注释标签，如果需要在 HTML 文档中添加一些便于阅读和理解但又不需要显示在页面中的注释文字，就需要使用注释标签，基本语法格式如下。

```
<!-- 注释语句 -->
```

例如，为<p>标签添加一段注释，示例代码如下。

```
<p>这是一个普通的段落。</p><!--这是一段注释，不会在浏览器中显示。-->
```

HTML5 采用宽松的语法格式，标签可以不区分大小写。

（3）属性和属性值

HTML 标签可以设置属性。属性提供了有关 HTML 标签的更多附加信息。标签的属性一般在开始标签中，但在标签名之后，属性由键值对组成，属性与属性之间用空格隔开，属性与属性值用“=”连接，基本格式如下。

```
<标签名 属性 1="属性值 1" 属性 2="属性值 2">内容</标签名>
```

3. <head>标签

<head>中常用的标签包括<title>、<meta>、<link>、<style>等。

（1）<title>标签用于定义 HTML 页面的标题，必须位于<head>标签之内。一个 HTML 文档只能有一对<title>标签，<title>标签之间的内容显示在浏览器窗口的标题栏中，基本格式如下。

```
<title>网页标题名称</title>
```

（2）<meta>标签用于定义页面的元信息，可重复出现在<head>标签中，在 HTML 中是一个单标签。<meta/>标签本身不包含任何内容，以“名称/值”的形式成对使用，其属性可定义页面的相关参数。例如，为搜索引擎提供网页的关键字、作者姓名、内容描述，以及定义网页的刷新时间等，基本格式如下。

```
<meta name="名称" content="值"/>
```

例如，设置网页关键字。

```
<meta name="keywords" content="网页设计与制作"/>
```

例如，设置网页描述。

```
<meta name="description" content="最好的网页设计与制作的学习用书"/>
```

例如，设置字符集。

```
<meta http-equiv="Content-Type" content="text/html; charset=utf-8"/>
```

例如，设置页面自动刷新与跳转。

```
<meta http-equiv="refresh" content="10;url=网址"/>
```

（3）<link>标签，一个页面往往需要多个外部文档的配合，在<head>标签中使用<link>标签可引用外部文件，一个页面允许使用多个<link>标签引用多个外部文档，基本格式如下。

```
<link rel="stylesheet" type="text/css" href="style.css"/>
```

<link>标签常用属性如表 2-1 所示。

表 2-1 <link>标签常用属性

属性名	常用属性值	说明
href	URL	指定引用外部文档的地址
rel	stylesheet	指定当前文档与引用的外部文档的关系，该属性值通常为 stylesheet 样式表
type	text/css	引用外部文档的类型为 css
	image/x-icon	引用外部图标文档

（4）<style>标签用于为 HTML 文档定义样式信息，位于<head>标签中，基本格式如下。

```
<style 属性="属性值">样式内容</style>
```

在 HTML 中使用<style>标签时，通常定义其属性为 type，相应的属性值为“text/css”，表示使用内嵌式的 css。

4. 标题标签

为了使网页更具有语义化，经常会在页面中用到<Heading>（标题）标签。HTML 提供了 6 个等级的标题，即<h1>、<h2>、<h3>、<h4>、<h5>和<h6>，从<h1>到<h6>重要性依次递减，标题字号逐渐减小。标题标签常用的属性如表 2-2 所示。基本格式如下。

```
<hn align="对齐方式">标题文本</hn><!--n 的取值为 1~6-->
```

表 2-2　　标题标签常用属性

属性名	常用属性值	说明
align	left	可选属性，用于指定标题的对齐方式
	center	
	right	

5. 段落标签

段落是通过<p>标签定义的。在网页中要把文字有条理地显示出来，离不开段落标签。就如同我们平常写文章一样，整个网页可以分为若干个段落。基本格式如下。

```
<p align="对齐方式">段落文本</p>
```

该语法中 align 属性为<p>标签的可选属性，用于指定段落文本的对齐方式，使用方式如表 2-2 所示。

注意

浏览器会自动在段落的前后添加空行。<p>是块级标签。

6. 文本修饰标签

在文本内容中，通常需要设计文字效果，这需要用到文本修饰标签。HTML5 中常用的文本修饰标签如表 2-3 所示。

表 2-3　　HTML5 中常用的文本修饰标签

标签	显示效果说明
<b></b>和<strong></strong>	文字以粗体方式显示
<i></i>和<em></em>	文字以斜体方式显示
<s></s>和<del></del>	文字以加删除线方式显示
<u></u>和<ins></ins>	文字以加下画线方式显示
<big></big>和<small></small>	定义大号字或者小号字
和	定义上标字和下标字

7. 空标签

我们常用的单标签都是空标签，如<meta/>和<link/>。除此之外，常用的空标签还有<hr/>、
、<img/>、<input/>等。

（1）<hr/>标签：水平分割线标签，显示为一条水平线。
（2）
标签：换行标签，强制文本换行显示。
（3）<img/>标签：图像标签。
（4）<input/>标签：表单控件标签。

8. 行级标签与块级标签简介

HTML 提供了丰富的标签，用于组织页面结构。为了使页面结构更加合理，HTML 标签被划分成了不同的类型，一般分为块级标签和行级标签，也称块级元素和行级元素。

（1）块级标签

块级标签，一般是从新的一行开始，其特点是每个块级标签通常会独占一整行或多行，可以设置宽度、高度、对齐等属性，常用于网页布局和网页结构的搭建，可以容纳行级标签和其他块级标签。

常见的块级标签有<h1>～<h6>与<p>、<div>、<ul>、<ol>、<li>等，其中<div>标签是最典型的块级标签。

<div>标签：div 是英文 division 的缩写，意为“分割、区域”，<div>与</div>之间相当于一个容器，可以将网页分割为独立的、不同的部分，容纳段落、标题、图像等各种网页元素。<div>标签非常强大，通过与 id、class 等属性配合，然后使用 CSS 设置样式，可以替代大多数的文本标签。

（2）行级标签

行级标签：也叫作内联标签，一般是语义级别的基本标签，它们不占有独立的区域，仅仅靠自身的字号大小和图像尺寸来支撑结构，一般不可以设置宽度、高度、对齐等属性，常用于控制页面中文本的样式。

常见的行级标签有<strong>、<b>、<em>、<i>、<del>、<s>、<ins>、<u>、<a>、<span>等，其中<span>标签是最典型的行级标签。<span>与</span>之间只能包含文本和各种行级标签，如<strong>、<em>等，<span>标签中还可以嵌套多层<span>。<span>标签常用于定义网页中某些特殊显示的文本，它本身没有固定的表现格式，只有在应用样式时，才会产生视觉上的变化。

（3）标签的转换

如果希望行级标签具有块级标签的某些特性，或者块级标签具有行级标签的某些特性，可以使用 display 属性对标签的类型进行转换。display 属性的常用属性值及作用如表 2-4 所示。

表 2-4　display 属性的常用属性值及作用

属性值	作用
inline	此标签将显示为行级标签（行级标签默认的 display 属性值）
block	此标签将显示为块级标签（块级标签默认的 display 属性值）
inline-block	此标签将显示为行内块级标签，可以对其设置宽高和对齐等属性，但是该标签不会独占一行
none	此标签将被隐藏，不显示，也不占用页面空间，相当于该标签不存在

2.1.3 需求分析

本案例的需求是实现“我的第一个页面”，各模块详细功能如下。

1. 标题

HTML 页面标题：我的第一个页面。居中显示页面中的标题。

2. 古诗

《静夜思》，其中“唐”为红色，“李白”两个字为斜体，“明月”为黄色。采用<h1>标签、段落标签、行级标签、文本修饰标签及颜色属性。

3. 注释

“白话译文”和“创作背景”为加粗字体，用块级标签、段落标签、文本修饰标签、空标签来实现。解释内容为段落，落款为段落，居右。

2.1.4 案例实施

实现“我的第一个页面”共分为以下 6 个步骤，具体如下。

步骤 1：创建 HTML 页面。

```
<!DOCTYPE html>
<html>
<head>
      <meta charset="utf-8">
      <title>我的第一个页面</title>
</head>
<body>
...
</body>
</html>
```

步骤 2：添加标题。使用一级标题标签<h1>、</h1>，属性 align 设置为“center”，居中显示。

```
<h1 align="center">我的第一个页面，内容：唐诗三百首</h1>
```

步骤 3：编写正文内容，在<body>标签中创建<div align="center">标签，用于存放古诗、白话译文、创作背景、落款内容。

```
<div align="center">
...
</div>
```

步骤 4：添加古诗《静夜思》。其中，古诗题目“静夜思”用标题标签实现，古诗内容用段落标签实现，颜色及斜体效果可以用空标签的颜色属性、文本修饰标签实现。

```
<h1>静夜思</h1>
<p><font color="red">唐</font>· <i>李白</i></p>
<p>床前明月光，疑是地上霜。</p>
<p>举头望<font color="yellow">明月</font>，低头思故乡。</p>
```

步骤 5：添加白话译文和创作背景部分，使用块级标签、段落标签、文本修饰标签、空标签。

```
<div align="left">
    <p>
        <b>白话译文</b>
        <br>
               明亮的月光洒在地上，好像泛起了一层霜。我禁
不住抬起头来，看那空中的一轮明月，不由得低头沉思，想起远方的家乡。
    </p>
    <p>
```

```
        <b>创作背景</b>
        <br>
               李白的《静夜思》创作于唐玄宗开元十四年（公元 726 年）九月十五日的扬州旅舍，当时李白 26 岁。同期同地所作的还有一首《秋夕旅怀》。在一个月明星稀的夜晚，诗人仰望天空中的一轮皓月，思乡之情油然而生，写下了这首传诵千古、中外皆知的名诗《静夜思》。
    </p>
</div>
```

步骤 6：实现落款部分，使用段落标签，居右对齐，并且在落款和内容之间用换行标签实现内容的分隔。

```
<br /><br /><br /><br /><br />
<p align="right">唐诗三百首    01</p>
```

任务 2　每日新闻列表

2.2.1　案例描述

新闻网页中包含了很多用户想要了解的内容，通过文字、图片、列表等将新闻内容展现给用户，并且可以将多个独立显示的网页关联起来。本案例主要包括新闻列表页和新闻详情页。在新闻列表页通过单击超链接可以跳转到新闻详情页，显示新闻的图片信息和新闻内容，页面效果如图 2-3 和图 2-4 所示。

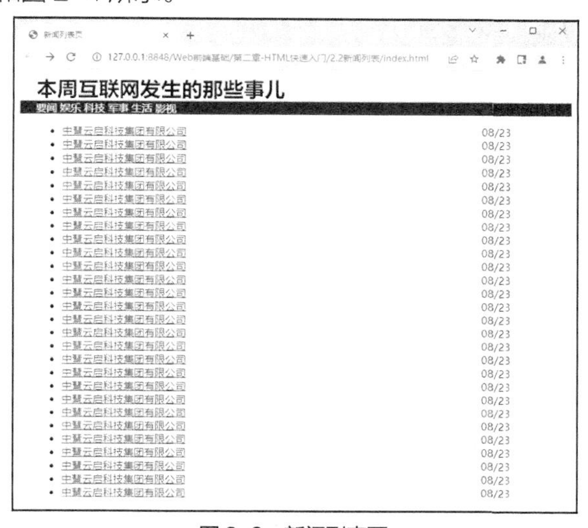

图 2-3　新闻列表页

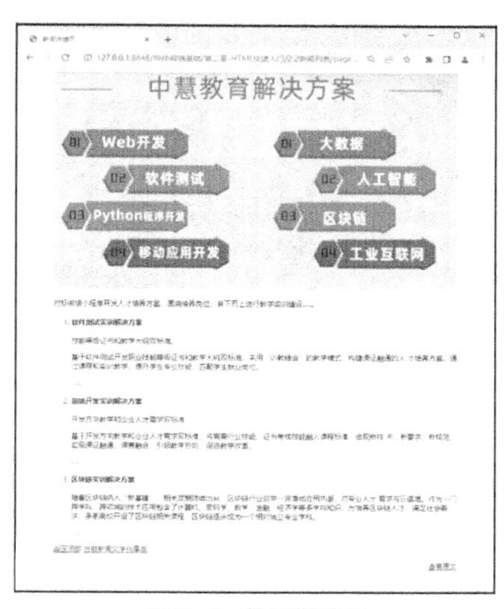

图 2-4　新闻详情页

2.2.2　知识储备

1. 列表简介

列表是网页中最常用的一种数据排列方式，常见的列表包括有序列表、无序列表、自定义列表。

（1）有序列表（<ol>标签）

有序列表即为有排列顺序的列表，各个列表项按照一定的顺序排列。例如，网页中常见的歌曲排行榜、游戏排行榜等都可以通过有序列表来定义。基本格式如下，效果如图 2-5 所示。

```
<!DOCTYPE html>
<html>
    <body>
        <ol>
            <li>有序列表 1</li>
            <li>有序列表 2</li>
            <li>有序列表 3</li>
        </ol>
    </body>
</html>
```

1. 有序列表1
2. 有序列表2
3. 有序列表3

图 2-5　有序列表

有序列表的列表属性如表 2-5 所示。

表 2-5　有序列表的列表属性

属性	值	说明
reversed	reversed	规定列表顺序为降序
start	number	规定有序列表的起始值
type	1、A 或 a、i 或 I（罗马数字）	规定在列表中使用的标记类型

（2）无序列表（<ul>标签）

无序列表是网页中常用的列表，之所以称为“无序列表”，是因为其各个列表项没有级别之分，通常是并列的。基本格式如下，效果如图 2-6 所示。

```
<!DOCTYPE html>
<html>
    <body>
        <ul>
            <li>无序列表 1</li>
            <li>无序列表 2</li>
            <li>无序列表 3</li>
        </ul>
    </body>
</html>
```

- 无序列表1
- 无序列表2
- 无序列表3

图 2-6　无序列表

无序列表的列表属性如表 2-6 所示。

表 2-6　无序列表的列表属性

属性	值	解释
type	disc	指定项目符号为一个实心圆点
	square	指定项目符号为一个实心方块
	circle	指定项目符号为一个空心圆点
	none	无项目符号

（3）自定义列表（<dl>标签）

自定义列表常用于对术语或名词进行解释和描述，与无序列表和有序列表不同，自定义列表的列表项前没有任何项目符号。

<dl>标签表示自定义列表（Definition List）。用于将<dt>（定义列表中的项目）和<dd>（描述列表中的项目）结合起来。基本格式如下，效果如图 2-7 所示。

```
<dl>
    <dt>名词 1</dt>
    <dd>名词 1 解释 1</dd>
    <dd>名词 1 解释 2</dd>
    ...
    <dt>名词 2</dt>
    <dd>名词 2 解释 1</dd>
    <dd>名词 2 解释 2</dd>
    ...
</dl>
```

```
名词1
        名词1解释1
        名词1解释2
...
名词2
        名词2解释1
        名词2解释2
...
```

图 2-7　自定义列表

注意

列表项内部可以使用段落、换行符、图片、链接及其他列表等。

列表的嵌套应用如下。

我们在网上购物商城中浏览商品时，经常会看到某一类商品被分为若干小类，这些小类通常还包含若干子类。同样，在使用列表时，列表项中也有可能包含若干子列表项，要在列表项中定义子列表项就需要将列表进行嵌套。

无序列表的嵌套应用如图 2-8 所示。

- 电子产品
    - 手机
    - 计算机
- 护肤产品
    - 洗面奶
    - 爽肤水

图 2-8　无序列表的嵌套应用

实现图 2-8 的代码如下。

```
<ul>
    <li>电子产品
        <ul>
            <li>手机</li>
        </ul>
        <ul>
            <li>计算机</li>
        </ul>
    </li>
    <li>护肤产品
        <ul>
            <li>洗面奶</li>
        </ul>
        <ul>
            <li>爽肤水</li>
        </ul>
    </li>
</ul>
```

2. URL 资源路径简介

在 HTML 中所有涉及文件的地方（如超级链接、图片等）都会涉及绝对路径与相对路径。

（1）绝对路径

绝对路径是指文件在硬盘上真正存在的路径。例如，“1.jpg”这个图片存放在硬盘中的“C:\book\网页布局\代码”目录下，“1.jpg”的绝对路径就是“C:\book\网页布局\代码\1.jpg”。如果要使用绝对路径指定网页的背景图片，就可以使用以下语句。

```
<body background="C:\book\网页布局\代码\1.jpg">
```

事实上，在网页编程时，很少会使用绝对路径，因为使用绝对路径把图片上传到 Web 服务器上很可能无法显示图片。例如，当把项目素材图片上传到 Web 服务器上时，项目素材图片可能并没有放在 Web 服务器的 C 盘，有可能是 D 盘或 E 盘，即使放在 Web 服务器的 C 盘里，Web 服务器的 C 盘里也不一定会存在“C:\book\网页布局\代码”目录，因此我们在浏览网页时，图片是不会显示的。

（2）相对路径

相对路径就是自己的目标文件所在路径与其他文件（或文件夹）的路径关系。例如，“张三.html”文件里引用了“bg.jpg”图片，由于“bg.jpg”图片相对于“张三.html”来说是在同一个目录下的，因此在“张三.html”文件里使用以下代码上传该图片，只要还在同一个目录下，那么无论上传到 Web 服务器的哪个位置，在浏览器里都能正确地显示图片。

```
<body background="bg.jpg">
```

注意

相对路径使用“/”字符作为目录的分隔字符，而绝对路径可以使用“\”或“/”字符作为目录的分隔字符。在相对路径里使用“../”表示上一级目录。如果有多个上一级目录，可以使用多个“../”。

3. 超链接

当我们在浏览网页时，会发现超链接随处可见，这些超链接大部分是采用<a>、</a>标签生成的。

超链接是 HTML 文档内容中<body>的组成部分，使用超链接可使网页内部与外部链接起来，同时可以让网页与外部网站或外部链接相联，形成一个互联的内容展示界面，下面将讲述<a>标签的相关属性。

<a>标签有很多属性，如表 2-7 所示。

表 2-7 <a>标签部分常用属性

属性	说明
href	URL，超链接跳转的位置
target	超链接打开的方式，有以下 4 种属性值可选： _blank：通过打开一个新网页的方式打开超链接； _self：在当前网页中打开超链接； _parent：在 iframe 框架中使用，作用等同于_self； _top：作用等同于_self
title	在鼠标指针悬停于超链接上时，显示该超链接的文字提示

（1）内部链接（锚点链接）

如果网页页面过长，我们在浏览网页时就需要不断地拖动滚动条来查看内容。为了提高信息的检索速度，HTML 提供了一种特殊的链接——锚点链接，通过创建锚点链接，用户能够快速定位到目标内容。超链接标签的 name 属性用于定义锚的名称，一个页面可以定义多个锚，通过超链接的 href 属性可以根据 name 跳转到对应的锚。

超链接的锚练习如下，效果如图 2-9 所示。

```
<!DOCTYPE html>
<html>
    <head>
        <meta charset="utf-8">
        <title>超链接的设置</title>
    </head>
    <body>
        <a name="top">这里是顶部的锚</a><br />
        <a href="#1">学前</a><br />
        <a href="#2">小学</a><br />
        <a href="#3">初中</a><br />
        <a href="#4">高中</a><br />
        <a href="#5">大学</a><br />
        <a href="#6">硕士研究生</a><br />
        <a href="#7">博士研究生</a><br />
        <h2>上学之路</h2>
        •学前（3 岁～6 岁）<a name="1">这里是学前的锚</a><br />
        姓名：xxx<br />
        性别：男<br />
        年龄：3 岁<br />
        爱好：吃零食<br />
        •小学（6 岁～12 岁）<a name="2">这里是小学的锚</a><br />
        姓名：xxx<br />
        性别：男<br />
        年龄：6 岁<br />
        爱好：吃零食<br />
        •初中（12 岁～15 岁）<a name="3">这里是初中的锚</a><br />
        姓名：xxx<br />
        性别：男<br />
        年龄：12 岁<br />
        爱好：吃零食<br />
        •高中（15 岁～18 岁）<a name="4">这里是高中的锚</a><br />
        姓名：xxx<br />
        性别：男<br />
        年龄：15 岁<br />
        爱好：吃零食<br />
        •大学（18 岁～21 岁）<a name="5">这里是大学的锚</a><br />
        姓名：xxx<br />
        性别：男<br />
        年龄：18 岁<br />
        爱好：吃零食<br />
        •硕士研究生（21 岁～24 岁）<a name="6">这里是硕士研究生的锚</a><br />
        姓名：xxx<br />
```

```
            性别：男<br />
            年龄：21 岁<br />
            爱好：吃零食<br />
            ●博士研究生（24 岁～待定）<a name="7">这里是博士研究生的锚</a><br />
            姓名：xxx<br />
            性别：男<br />
            年龄：24 岁<br />
            爱好：吃零食<br />
        </body>
    </html>
```

定义锚也是用<a>、</a>标签，锚的名称用 name 属性定义（名称没有限制，可自定义），而寻找锚的链接用 href 属性指定对应的名称，在名称前面要加一个“#”符号。

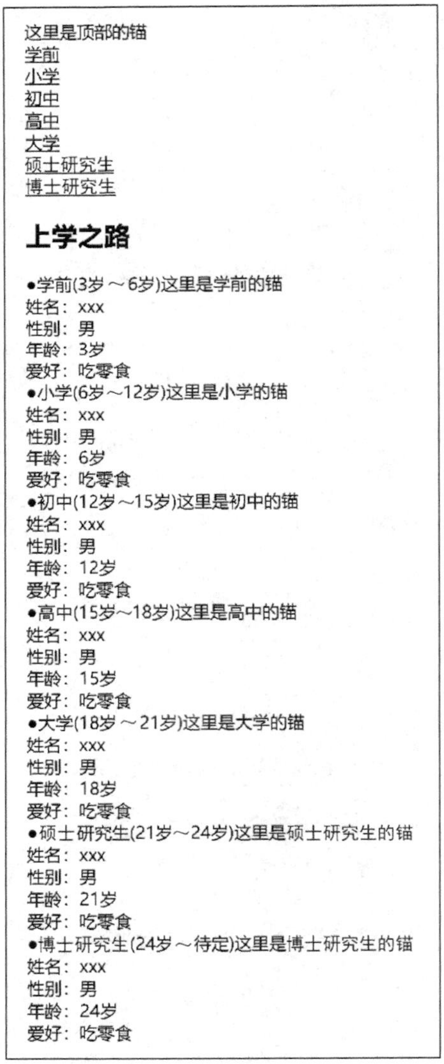

这里是顶部的锚
学前
小学
初中
高中
大学
硕士研究生
博士研究生

上学之路

●学前(3岁～6岁)这里是学前的锚
姓名：xxx
性别：男
年龄：3岁
爱好：吃零食
●小学(6岁～12岁)这里是小学的锚
姓名：xxx
性别：男
年龄：6岁
爱好：吃零食
●初中(12岁～15岁)这里是初中的锚
姓名：xxx
性别：男
年龄：12岁
爱好：吃零食
●高中(15岁～18岁)这里是高中的锚
姓名：xxx
性别：男
年龄：15岁
爱好：吃零食
●大学(18岁～21岁)这里是大学的锚
姓名：xxx
性别：男
年龄：18岁
爱好：吃零食
●硕士研究生(21岁～24岁)这里是硕士研究生的锚
姓名：xxx
性别：男
年龄：21岁
爱好：吃零食
●博士研究生(24岁～待定)这里是博士研究生的锚
姓名：xxx
性别：男
年龄：24岁
爱好：吃零食

图 2-9　超链接的锚

当浏览者单击超链接时，页面将自动滚动到 href 属性值名称的锚位置。

（2）外部链接（href）

① 给文字添加链接

添加了超链接的文字有其特殊的样式，默认链接样式为蓝色文字，有下画线。<a>、</a>标签的 href 属性用于指定新页面的地址。href 指定的地址一般使用相对地址。

给文本设置超链接的练习如下。

```
<html>
<head>
    <title>超级链接的设置</title>
</head>
<body>
    <a href="ul_ol.htm">进入列表的设置页面</a>
</body>
</html>
```

浏览效果如图 2-10 所示。

超链接的默认样式如图 2-10 所示，单击页面中的链接，页面跳转到同一目录下的页面，即 ul_ol.html 页面。当单击浏览器的“后退”按钮回到原来的页面时，文字链接的颜色会变成紫色，以此告诉用户，此链接已被访问过。

127.0.0.1:8848/网页案例/new_file.html

进入列表的设置页面

图 2-10　超链接的设置

② 修改链接的窗口打开方式

在默认情况下，单击超链接打开新页面的方式是自我覆盖。根据用户的不同需要，读者可以指定超链接打开新窗口的其他方式。

③ 给链接添加提示文字

超链接标签提供了 title 属性，能很方便地给浏览者提供提示。title 属性的值即为提示内容，当浏览者的鼠标光标停留在超链接上时，提示内容才会出现，这样不会影响页面排版。代码如下。

```
<html>
<head>
    <title>超链接的设置</title>
</head>
<body>
    <a href="ul_ol.htm" target="_blank" title="读者你好，现在你看到的是提示文字，单击本链接可以新打开窗口跳转到 ul_ol.htm 页面。">进入列表的设置页面</a>
</body>
</html>
```

浏览效果如图 2-11 所示。

127.0.0.1:8848/网页案例/new_file.html

进入列表的设置页面

读者你好，现在你看到的是提示文字，单击本链接可以新打开窗口跳转到ul_ol.html页面。

图 2-11　超链接的提示文字

4. 图片标签

<img>标签的定义及用法如下。

在 HTML 中，<img>标签用来在网页中嵌入一幅图像，作用是为被引用的图像创建占位符。

<img>标签在网页中很常用，例如，引入一张 Logo 图片或一张按钮背景图片、工具图标等都会用到此标签。只要是有图片的地方，源代码中基本都有<img>标签（除一些背景图片以外）。

<img>标签基本格式如下。

```
<img src="被引用图像的地址" alt="图像的替代文本"/>
```

注意

src 属性用来指定需要嵌入网页中的图像的地址；alt 属性用来规定图像的替代文本，src 属性和 alt 属性是<img>标签的必需属性。搜索引擎会读取 alt 属性值作为判断图像和文字的重要依据，所以搜索引擎优化中必须有 alt 属性。

<img>标签常用属性如表 2-8 所示。

表 2-8　<img>标签常用属性

属性	说明
alt	定义图像的简短描述（图像的替代文本），不超过 1 024 个字符
src	定义所显示图像的 URL
align	规定如何根据周围的文本来排列图像
border	定义图像周围的边框
height	定义图像的高度
width	设置图像的宽度

2.2.3　需求分析

本案例主要包括新闻列表页和新闻详情页，各模块详细功能如下。

1. 新闻列表页

新闻列表页面包括新闻标题、新闻分类导航、新闻列表。其中，使用无序列表实现超链接新闻列表功能。

2. 新闻详情页

新闻详情页面包括新闻图片、新闻描述、新闻详细内容、页脚内容。其中，使用有序列表展示新闻的详细内容。

2.2.4　案例实施

1. 编辑新闻列表页

步骤 1：编辑 index.html 文件，添加新闻标题内容。

```
<h1 style="width: 800px;margin: 0 auto;">本周互联网发生的那些事儿</h1>
```

步骤 2：“新闻分类导航”采用块级标签设置背景颜色、宽度及边距。白色字体采用行内块级标签设置。

```
<div style="background-color: blue;">
        <div style="width: 800px;margin: 0 auto;">
```

```
            <span style="color: #fff">要闻</span>
            <span style="color: #fff">娱乐</span>
            <span style="color: #fff">科技</span>
            <span style="color: #fff">军事</span>
            <span style="color: #fff">生活</span>
            <span style="color: #fff">影视</span>
        </div>
    </div>
```

步骤 3：新闻列表页面采用块级标签设计结构，列表实现多条新闻标题的排列，具体新闻的界面与新闻标题之间的连接使用超链接来实现，结合修饰及文本标签、行级标签等知识完成。

```
    <div style="width: 800px;margin: 0 auto;">
        <ul>
            <li>
                <a href="pages/detail.html">中慧云启科技集团有限公司</a>
                   
                <span>08/23</span>
            </li>
            <li>
                <a href="pages/detail.html">中慧云启科技集团有限公司</a>
                   
                <span>08/23</span>
            </li>
            <li>
                <a href="pages/detail.html">中慧云启科技集团有限公司</a>
                   
                <span>08/23</span>
            </li>
        <!--由于重复代码较多，在此省略其他 li 标签内容-->
        ......
        </ul>
    </div>
```

2. 编辑新闻详情 detail.html 文件

步骤 1：添加新闻详情页面的图片内容。

```
<img src="../images/img01.png" height="200" width="909" />
```

步骤 2：添加新闻描述和新闻详情内容。

```
<p>对微信小程序开发人才培养方案，围绕培养岗位，自下而上进行教学实例建设……。</p>
<ol>
    <li>
        <h4>软件测试实训解决方案</h4>
        <p>技能等级证书和教学大纲双标准。</p>
        <p>基于软件测试开发职业技能等级证书和教学大纲双标准，采用"训教结合"的教学模式，构建课证融通的人才培养方案。通过课程和实训教学，提升学生专业技能，匹配学生就业岗位。</p>
        <p>......</p>
    </li>
    <li>
        <h4>前端开发实训解决方案</h4>
```

```
                <p>开发方向教学和企业人才需求双标准。</p>
                <p>基于开发方向教学和企业人才需求双标准，将竞赛行业技能、证书考核技能融入课程标准，体现新技术、新要求、新规范,实现课证融通、课赛融合，引领教学方向，促进教学改革。</p>
                <p>.....</p>
            </li>
            <li>
                <h4>区块链实训解决方案</h4>
                <p>随着区块链纳入“新基建”，相关政策陆续出台，区块链行业迎来一波落地应用热潮，对专业人才需求与日俱增。作为一门跨学科、跨领域的技术应用，它包含了计算机、密码学、数学、金融、经济学等多学科知识。为培养区块链人才，满足社会需求，多家高校开设了区块链相关课程，区块链逐步成为一个相对独立专业学科。</p>
                <p>......</p>
            </li>
        </ol>
```

步骤 3：“返回顶部”采用超链接的锚点链接实现；“当前新闻文字纯享版”采用超链接实现。

```
<p>
    <a href="#">返回顶部</a><a href="../date/news.txt" target="_blank">当前新闻文字纯享版</a>
</p>
```

步骤 4：“查看原文”用超链接、块级标签实现，居右。

```
<p align="right">
    <a href="../index.html">查看原文</a>
</p>
```

任务 3　课程信息表

2.3.1　案例描述

课程信息表展示周一到周五的课程，使用表格布局显示课程分布的时间段。一天的课程分为 8 节，上午 4 节，下午 4 节。采用表格的合并和拆分实现课程的分布，效果如图 2-12 所示。

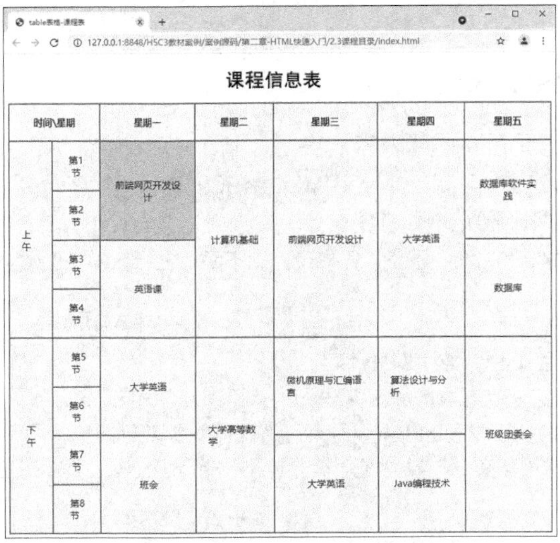

课程信息表

<table>
<tr><th colspan="2">时间\星期</th><th>星期一</th><th>星期二</th><th>星期三</th><th>星期四</th><th>星期五</th></tr>
<tr><td rowspan="4">上午</td><td>第1节</td><td rowspan="2">前端网页开发设计</td><td rowspan="4">计算机基础</td><td rowspan="4">前端网页开发设计</td><td rowspan="4">大学英语</td><td rowspan="2">数据库软件实践</td></tr>
<tr><td>第2节</td></tr>
<tr><td>第3节</td><td rowspan="2">英语课</td><td rowspan="2">数据库</td></tr>
<tr><td>第4节</td></tr>
<tr><td rowspan="4">下午</td><td>第5节</td><td rowspan="2">大学英语</td><td rowspan="4">大学高等数学</td><td rowspan="2">微机原理与汇编语言</td><td rowspan="2">算法设计与分析</td><td rowspan="4">班级团委会</td></tr>
<tr><td>第6节</td></tr>
<tr><td>第7节</td><td rowspan="2">班会</td><td rowspan="2">大学英语</td><td rowspan="2">Java编程技术</td></tr>
<tr><td>第8节</td></tr>
</table>

PS：本学期课程比较简单，但是不要忘记来上课哟

图 2-12　课程信息表效果

2.3.2 知识储备

1. 表格简介

表格由<table>标签来布局。每个表格均有若干行（由<tr>标签定义），每行被分割为若干个单元格（由<td>标签定义）。数据单元格可以包含文本、图片、列表、段落、表单、水平线、表格等。

2. 表格结构

在 HTML 中，表格至少由<table>、</table>，<tr>、</tr>和<td>、</td>这 3 对标签组成。表格结构如图 2-13 所示。

列
单元格
行

图 2-13　表格结构

3. 常用标签

（1）<table>标签

<table>、</table>标签用于在 HTML 文档中定义一个表格，包含表名和表格本身内容的代码。

（2）<tr>标签

<tr>标签表示表格的行。多个行结合在一起构成了一个表格，即有多少个<tr>标签就表示有多少行数据。

（3）<td>标签

表格的基本单元是单元格，<td>标签定义 HTML 表格中的标准单元格。

（4）<caption>标签

<caption>标签定义表格的标题，必须紧随<table>标签之后。每个表格只能定义一个标题，通常标题会居中在表格上方位置。

（5）<th>标签

<th>标签表示表头单元格，包含表头信息，一般位于表格的第一行或第一列，其文本加粗、居中。

（6）表格结构标签

表格结构通常分为表头、主体、页脚。

① <thead>标签：定义表格的表头。

② <tbody>标签：定义表格的主体（正文），对表格中的主体内容进行分组。

③ <tfoot>标签：定义表格的页脚（如表注）。

注意

表头、主体、页脚元素是表格元素的子元素。

（7）<colgroup>标签和<col>标签

<colgroup>标签：定义表格列的组合，以便进行格式化。此标签只能用在<table>标签内部。

<col>标签：定义表格中针对一个或多个列的属性值。<col>是空标签，只能在<table>标签和<colgroup>标签中使用，对<colgroup>标签组合的列分别设置样式，格式如下。

```
<colgroup span="跨几列">
<col 属性 1="属性值 1" 属性 2="属性值 2".../>
<col 属性 1="属性值 1" 属性 2="属性值 2".../>
</colgroup>
```

或

```
<table>
<col 属性 1="属性值 1" 属性 2="属性值 2" />
<col 属性 1="属性值 1" 属性 2="属性值 2" />
  ...
</table>
```

HTML 创建表格的基本格式如下。

```
<table>
<tr>
        <td>单元格内容 1</td>
        <td>单元格内容 2</td>
</tr>
<tr>
        <td>单元格内容 3</td>
        <td>单元格内容 4</td>
</tr>
</table>
```

4. 基本属性

表格标签中的常用属性如下。

border="表格边框"

width="宽"

height="高"

cellspacing="单元格之间的空隙"

align="center/left/right"(表格对齐方式：居中/靠左/靠右）

cellpadding="内容与边框的间距"

valign="top/bottom/middle"(垂直对齐方式：上/下/中）

标签的具体属性如下。

（1）<table>、</table>表格标签

表格标签的基本属性如表 2-9 所示。

表 2-9　　表格标签的基本属性

属性	说明
width	表格宽度，可以用像素或百分比表示
height	表格高度，可以用像素或百分比表示
border	边框，常用值为 0
cellpadding	内容与边框的距离，常用值为 0
cellspacing	单元格与单元格之间的距离，常用值为 0
align	对齐方式

续表

属性	说明
bgcolor	背景色
background	背景图片

（2）<tr>、</tr>行标签

行标签的基本属性如表 2-10 所示。

表 2-10　　行标签的基本属性

属性	说明
align	一行内容的水平对齐方式
valign	一行内容的垂直对齐方式
height	行高
bgcolor	背景色
background	背景图片

（3）<td>、</td>基本单元格和<th>、</th>表头单元格标签

这两种单元格标签的区别是<th>、</th>表头单元格标签的内容自动居中、加粗。单元格标签的属性如表 2-11 所示。

表 2-11　　单元格标签的属性

属性	说明
align	单元格内容的水平对齐方式
valign	单元格内容的垂直对齐方式
width	单元格宽度
height	单元格高度
bgcolor	背景色
background	背景图片

5. 合并单元格

在单元格标签中，可以进行单元格合并。

n 行单元格合并的语法格式如下。

```
<td rowspan="n">单元格内容 1</td>
```

n 列单元格合并的语法格式如下。

```
<td colspan="n">单元格内容 2</td>
```

注意

无论是合并行还是合并列，都通过单元格标签<td>实现。

只要跨行的都是合并行，跨列的都是合并列。有合并行又有合并列，先合并列，后合并行。

2.3.3 需求分析

本案例是课程信息表的实现，主要用到表格相关的标签及属性，重点是创建表格和进行单元格

的合并，各模块详细功能如下。

1. 课程信息表布局

用表格标签<table>、行标签<tr>、单元格标签<th>实现 9 行 7 列的表格布局。

2. 合并单元格

需要进行单元格合并，前端网页开发设计背景色为粉色。

3. 底部

加粗“PS：本学期课程比较简单，但是不要忘记来上课哟”。结合段落标签及文本修饰标签实现效果，用块级标签实现整体居中效果。

2.3.4 案例实施

步骤 1：编辑 index.html 文件，添加标题。

```
<h1>课表</h1>
```

步骤 2：编辑表格主体，通过表格标签创建表格，设置边框及颜色属性；添加行标签，共 9 行，在行标签中设置单元格标签，进行单元格合并；添加单元格内容，设置对齐方式、背景色。

```
<table border="1" cellspacing="0" cellpadding="20" bgcolor="#f5f5f5">
  <tr>
        <th colspan="2">时间\星期</th>
        <th>星期一</th>
        <th>星期二</th>
        <th>星期三</th>
        <th>星期四</th>
        <th>星期五</th>
  </tr>
  <tr>
        <td rowspan="5">上午</td>
        <tr align="center">
        <td>第 1 节</td>
        <td rowspan="2" bgcolor="pink">前端网页开发设计</td>
        <td rowspan="4">计算机基础</td>
        <td rowspan="4">前端网页开发设计</td>
        <td rowspan="4">大学英语</td>
        <td rowspan="2">数据库软件实践</td>
  </tr>
  <tr align="center">
        <td>第 2 节</td>
  </tr>
  <tr align="center">
        <td>第 3 节</td>
        <td rowspan="2">英语课</td>
```

```
            <td rowspan="2">数据库</td>
        </tr>
        <tr align="center">
            <td>第 4 节</td>
        </tr>
        </tr>
        <tr align="center">
            <td rowspan="5">下午</td>
        <tr>
            <td>第 5 节</td>
            <td rowspan="2" align="center">大学英语</td>
            <td rowspan="4">大学高等数学</td>
            <td rowspan="2">微机原理与汇编语言</td>
            <td rowspan="2">算法设计与分析</td>
            <td rowspan="4"   align="center">班级团委会</td>
        </tr>
        <tr align="center">
            <td>第 6 节</td>
        </tr>
        <tr   align="center">
            <td>第 7 节</td>
            <td rowspan="2">班会</td>
            <td rowspan="2">大学英语</td>
            <td rowspan="2">Java 编程技术</td>
        </tr>
        <tr>
            <td>第 8 节</td>
        </tr>
        </tr>
    </table>
```

步骤 3：表格底部采用段落标签和文本修饰标签实现加粗。

```
<p><b>PS:</b>本学期课程比较简单，但是不要忘记来上课哟</p>
```

步骤 4：将整体内容进行居中设计，采用块级标签实现。

```
<div align="center">
</div>
```

任务 4 校园调查表

2.4.1 案例描述

生活在大数据时代，我们做过各种各样的调查问卷，也通过账号和密码登录过各种软件和网站。校园调查表包含年龄阶段、爱好、想对学校说的话、基本信息等内容，具体如图 2-14 所示。

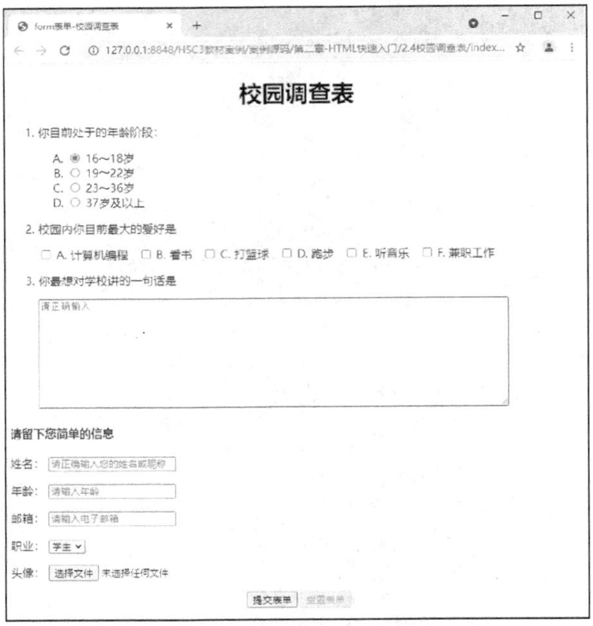

图 2-14　校园调查表

2.4.2　知识储备

1. 表单简介

表单在网页中主要用于采集数据，由以下 3 个基本部分组成。

（1）表单标签：包含处理表单数据所用的 CGI（公共网关接口）程序的 URL 及将数据提交到服务器的方法。

（2）表单域：包含文本框、密码框、隐藏域、多行文本框、复选框、单选框、下拉选择框和文件上传框等。

（3）表单按钮：包括提交按钮、复位按钮和一般按钮，用于将数据传送到服务器上或取消输入，还可以用来控制其他脚本的处理工作。

2. <form>标签

<form>标签用于为用户创建 HTML 表单。HTML 表单中还包含<input>、<menu>、<textarea>、<fieldset>、<legend>和<label>标签。

通过认识表单，我们知道要将表单中的数据传送给后台服务器就必须定义表单域。在 HTML 表单中，<form>标签被用于定义表单域，即创建一个表单，以实现用户信息的收集和传递，<form>标签中的所有内容都会被提交到服务器。创建表单的基本格式如下。

```
<form action="url 地址" method="提交方式" name="表单名称">
  各种表单控件
</form>
```

表单控件演示代码如图 2-15 所示。

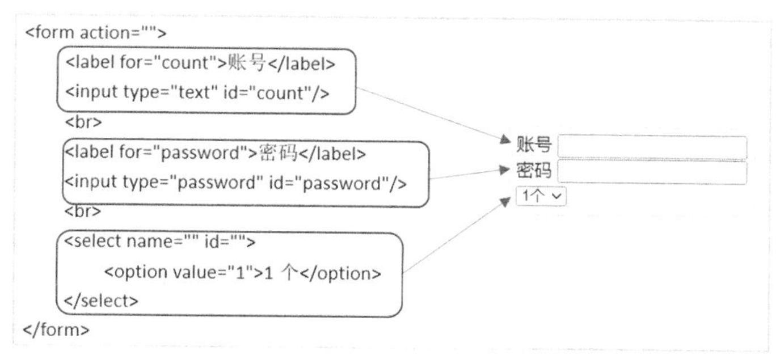

图 2-15 表单控件演示代码

下面介绍<form>标签的属性。

（1）action 属性

在表单收集到信息后，需要将信息传递给服务器进行处理，action 属性用于指定接收并处理表单数据的服务器程序的 URL 地址。

```
<form action="form_action.asp">
```

当提交表单时，表单数据会被传送到名为“form_action.asp”的页面去处理。action 的属性值可以是相对路径或绝对路径，还可以是接收数据的 E-mail 邮箱地址。

```
<form action="邮箱地址">
```

当提交表单时，表单数据会以电子邮件的形式传递出去。

（2）method 属性

method 属性用于设置表单数据的提交方式，常用的请求方式为 get 或 post。在 HTML5 中，可以通过<form>标签的 method 属性设置请求服务器处理数据的方法，示例代码如下。

```
<form action="form_action.asp" method="get">
```

在上面的代码中，get 为 method 属性的默认值，提交的数据将显示在浏览器的地址栏中，保密性差，且有数据量的限制。而 post 方式的保密性好，并且无数据量的限制，所以使用 method="post"可以提交大量的数据。

（3）name 属性

name 属性用于指定表单的名称，以区分同一个页面中的多个表单。

（4）autocomplete 属性

autocomplete 属性用于指定表单是否有自动完成功能。autocomplete 属性有两个值，分别如下。

① on：表单有自动完成功能。

② off：表单无自动完成功能。

（5）novalidate 属性

novalidate 属性指定在提交表单时取消对表单进行有效的检查。如果为表单设置了该属性，则可以关闭整个表单的验证。

3. <input>标签

<input>标签用于收集用户信息。

```
<input type="文本框类型" id="文本框 id" name="文本框名称"/>
```

根据不同的 type 属性值，输入字段可被分为多种形式，主要有 3 种：输入型、选择型、事件型（按钮型）。

（1）输入型

① 单行文本输入框

```
<input type="text"/>
```

单行文本输入框常用来输入简短的信息，如用户名、账号、证件号码等，常用的属性有 name、value、maxlength 等。

② 密码输入框

```
<input type="password"/>
```

密码输入框为用户提供安全输入密码的方式，如果文本被遮蔽而不能被读取，可以用“•”等符号替换输入框中的字符。

（2）选择型

① 单选按钮

```
<input type="radio"/>
```

单选按钮用于单项选择，在定义单选按钮时，必须为同一组中的选项指定相同的 name 值，这样“单选”才会生效。

② 复选框

```
<input type="checkbox"/>
```

复选框常用于多项选择，如选择兴趣、爱好等，其 checked 属性可指定默认选中项。

③ 文件域

```
<input type="file"/>
```

当定义文件域时，用户可以通过填写文件路径或直接选择文件的方式将文件提交给后台服务器。

④ Date Pickers

```
<input type="date/ month/ week…"/>
```

Date Pickers 是指时间/日期类型，HTML5 中提供了多个可供选取日期和时间的输入类型，用于验证输入的日期，具体如表 2-12 所示。

表 2-12 Date Pickers 类型

时间和日期类型	说明
date	选取日、月、年
month	选取月、年
week	选取周和年
time	选取时间（小时和分钟）
datetime	选取时间、日、月、年（UTC 时间）
datetime-local	选取时间、日、月、年（本地时间）

⑤ color

```
<input type="color"/>
```

color 类型用于提供设置颜色的文本框，实现一个 RGB 颜色输入，其基本形式是#RRGGBB，默认值为#000000，通过 value 属性值可以更改默认颜色。单击 color 类型文本框，可以快速打开拾色器面板，方便用户可视化选取一种颜色。

（3）按钮型

① 普通按钮

```
<input type="button"/>
```

普通按钮常常配合 JavaScript 脚本语言使用，初学者了解即可。

② 提交按钮

```
<input type="submit"/>
```

提交按钮是表单中的核心控件，用户完成信息的输入后，一般都需要单击提交按钮才能完成表单数据的提交，可以使用 value 属性改变提交按钮上的默认文本。

③ 重置按钮

```
<input type="reset"/>
```

当用户输入的信息有误时，可单击重置按钮取消已输入的所有表单信息，可以使用 value 属性改变重置按钮上的默认文本。

为了更好地理解和应用这些属性，下面通过一个示例来演示它们的使用方法，如例 1 所示。

例 1：<input>标签的属性应用。效果图 2-16 所示。

```
<!DOCTYPE html>
<html>
    <head>
        <meta charset="utf-8">
        <title>input 控件</title>
    </head>
    <body>
        <form action="#" method="post">
            用户名:  <!-- text 单行文本输入框 -->
            <input type="text" name="" id="" value="张三" maxlength="6" /><br>
            密码:    <!-- password 密码输入框 -->
            <input type="password" name="" id="" value=""size="40" /><br><br>
            性别:    <!-- radio 单选输入框 -->
            <input type="radio" name="sex" checked="checked" id="" value="" />男
            <input type="radio" name="sex" id="" value="" />女<br><br>
            兴趣:    <!-- checkbox 复选框 -->
            <input type="checkbox" />唱歌
            <input type="checkbox" />跳舞
            <input type="checkbox" />游泳<br><br>
            上传头像:
            <input type="file"   /><br><br>              <!--    file 文件域 -->
            <input type="submit" />                      <!-- submit 提交按钮 -->
            <input type="reset" />                       <!-- reset 重置按钮 -->
            <input type="button" value="普通按钮" />     <!-- button 普通按钮 -->
            <input type="hidden" />                      <!-- hidden 隐藏域 -->
        </form>
    </body>
</html>
```

在例 1 中，通过对<input>标签应用不同的 type 属性值，我们可以定义不同类型的 input 控件，并对其中的一些控件应用<input>标签的其他可选属性。我们可以利用 maxlength 属性和 value 属性定义单行文本输入框中允许输入的最大字符数和默认显示文本；利用 size 属性定义密码输入框的宽度；利用 name 属性和 checked 属性定义单选按钮的名称和默

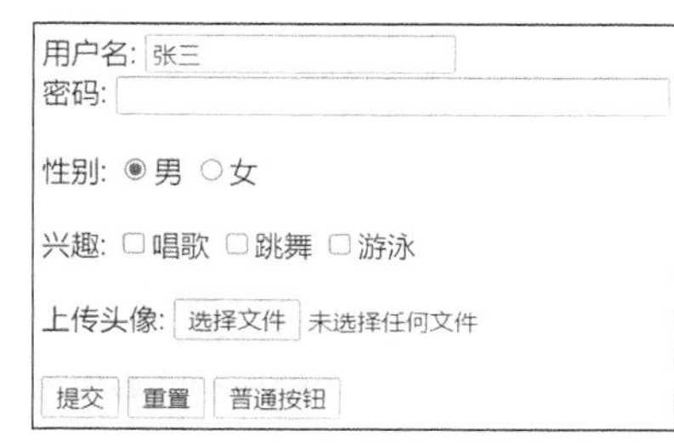

图 2-16 <input>标签演示示例的界面

认选中项。

在效果图中，不同类型的<input>标签外观不同，当对它们进行具体的操作时，如输入用户名和密码、选择性别和兴趣等，显示的效果也不相同。例如，当在密码输入框中输入内容时，其中的内容将以圆点的形式显示，而不会像用户名输入框中的内容一样显示为明文，如图 2-17 所示。

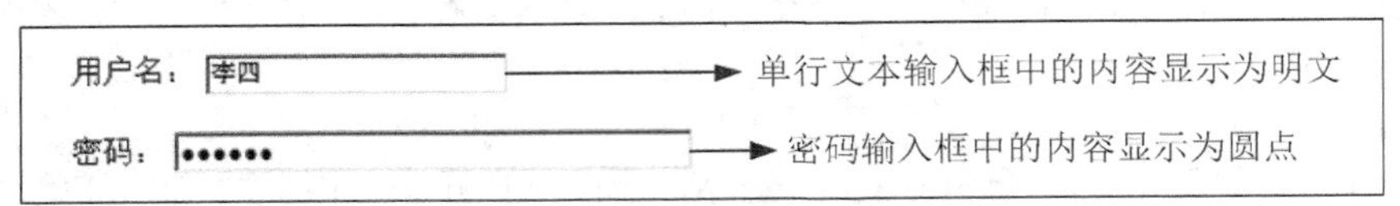

图 2-17　单行文本框与密码框显示区别

> **注意**
> **对于浏览器不支持的<input>标签输入类型，将会在网页中显示为一个普通输入框。**

4. <textarea>标签

<textarea>是多行文本输入框标签，文本区中可容纳无限数量的文本，可以通过 cols 属性和 rows 属性来规定<textarea>标签的尺寸。

```
<textarea cols="每行中的字符数" rows="显示的行数">
   文本内容
</textarea>
```

5. <select>标签

<select>标签用于定义有多个选项的下拉菜单，如图 2-18 所示。

使用<select>标签定义下拉菜单的基本语法格式如下。

```
<select>
    <option>选项 1</option>
    <option>选项 2</option>
    <option>选项 3</option>
    ...
</select>
```

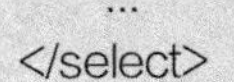

图 2-18　下拉菜单

<select>、</select>标签用于在表单中添加一个下拉菜单，<option>、</option>标签嵌套在<select>、</select>标签中，用于定义下拉菜单中的具体选项。<select>和<option>标签属性如表 2-13 所示。

表 2-13　<select>和<option>标签属性

标签名称	属性	说明
<select>	size	指定下拉菜单的可见选项数（取值为正整数）
	multiple	当定义 multiple="multiple"时，下拉菜单将具有多项选择的功能，方法为按住<Ctrl>键的同时选择多个选项
<option>	selected	当定义 selected ="selected"时，当前项即为默认选中项

2.4.3 需求分析

本案例是实现校园调查表，校园调查表的制作过程涉及表单知识的多种标签的应用和列表的应用，各模块的详细功能如下。

1. 调查问题

年龄段、爱好、最想对学校说的话使用列表实现页面布局。年龄段采用单选按钮实现；爱好采用复选框实现；最想对学校说的话采用多行文本框实现。

2. 个人信息

姓名、年龄、邮箱：通过<input>标签的文本框、数字框、邮件框实现。
职业：通过<select>标签实现下拉菜单。
头像：通过<input>标签的文件域实现。

3. 提交按钮

提交按钮、重置按钮用<button>标签来实现。

2.4.4 案例实施

步骤 1：编辑 index.html 文件，整个内容页面居中布局，创建表单并添加页面标题。

```
<div style="width: 800px;margin: 0 auto;">
    <form action="">
      <h1>校园调查表</h1>
    </form>
</div>
```

步骤 2：实现页面内容信息布局。

```
<ol>
    <li>
            <p>你目前处于的年龄阶段：</p>
            <ol type="A">
                    <li>
                            <input type="radio" id="age1" name="age" checked>
                            <label for="age1">16～18 岁</label>
                    </li>
                    <li>
                            <input type="radio" id="age2" name="age">
                            <label for="age2">19～22 岁</label>
                    </li>
                    <li>
                            <input type="radio" id="age3" name="age">
                            <label for="age3">23～36 岁</label>
                    </li>
                    <li>
                            <input type="radio" id="age4" name="age">
```

```
                    <label for="age4">37 岁及以上</label>
                </li>
            </ol>
        </li>
        <li>
            <p>您目前最大的爱好是</p>
            <p>
                <input type="checkbox" name="bobby" id="hbA">
                <label for="hbA">A. 计算机编程</label>  
                <input type="checkbox" name="bobby" id="hbB">
                <label for="hbB">B. 看书</label>  
                <input type="checkbox" name="bobby" id="hbC">
                <label for="hbC">C. 打篮球</label>  
                <input type="checkbox" name="bobby" id="hbD">
                <label for="hbD">D. 跑步</label>  
                <input type="checkbox" name="bobby" id="hbE">
                <label for="hbE">E. 听音乐</label>  
                <input type="checkbox" name="bobby" id="hbF">
                <label for="hbF">F. 兼职工作</label>
            </p>
        </li>
        <li>
            <p>你最想对学校讲的一句话</p>
            <textarea rows="10" cols="90" name="" placeholder="请正确输入"></textarea>
        </li>
    </ol>
```

步骤 3：个人基本信息部分可以采用块级标签实现布局。姓名显示为文字，采用文本框；年龄显示为数字，采用 number；邮箱采用 E-mail 类型框实现；职业采用<select>标签下拉菜单实现；头像使用的是文件上传功能，采用 file 类型文件实现；网站的事件采用提交按钮和重置按钮实现。

```
    <h4>请留下简单的信息</h4>
    <p>
        <label for="userName">姓名：</label>
        <input type="text" name="userName" maxlength="8" id="userName" placeholder="请正确输入您的
姓名或昵称"/>
    </p>
    <p>
        <label>年龄：</label>
        <input type="number" name="age" placeholder="请输入年龄" id="age" min="15" />
    </p>
    <p>
        <label>邮箱：</label>
        <input type="email" name="age" placeholder="请输入电子邮箱" id="age" min="15" />
    </p>
    <p>
        <label for="userName">职业：</label>
        <select name="occupation">
        <option value="teacher">教师</option>
```

```
        <option value="stydent" selected>学生</option>
        <option value="worker">职工</option>
        <option value="tourist">游客</option>
        </select>
    </p>
    <p>
        <label>头像：</label>
        <input type="file" name="avatar" placeholder="请上传头像" id="avatar" accept="image/jpeg"/>
    </p>
    <p align="center">
        <button type="submit">提交表单</button>
        <button type="reset" disabled>重置表单</button>
    </p>
```

任务 5　项目实战——网站登录页

2.5.1　案例描述

网站登录页面由标题、内容区、页脚 3 个部分组成。内容区的表格居中布局，通过行和列合并显示图像和表单信息，其中表单信息由输入框、登录按钮、协议条款复选框等组成。整个案例使用表格布局，结构简洁，易维护。

2.5.2　效果展示

网站登录页面如图 2-19 所示。

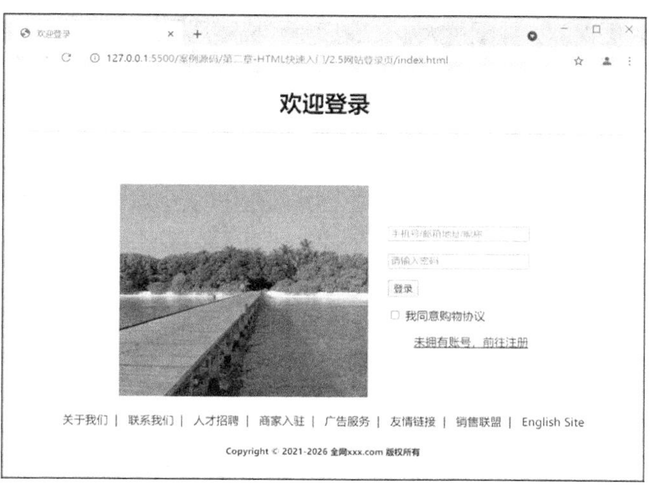

图 2-19　网站登录页面

2.5.3　需求分析

根据案例涉及的知识点及效果图进行分析，综合运用 HTML 的基本结构、常用标签、图片、表格、表单、块级标签、行级标签等基础知识实现案例设计。各模块详细功能如下。

1. 登录页面

内容区使用<table>标签进行布局，左侧显示图片，右侧为登录表单，用户输入用户名和密码后，需勾选“我同意该协议”才可登录，如果用户没有账号，可单击注册链接，前往注册页面进行注册。

2. 页脚

页脚用行级标签实现，版权部分用块级标签实现。

2.5.4 案例实施

根据网站登录页的需求分析，结合本章的知识点，实现案例设计。

步骤 1：编辑 index.html，文件添加标题。

```
<h1 align="center">欢迎登录</h1>
```

步骤 2：采用块级标签<div>布局，用于存放内容区。

```
<div>
...
</div>
```

步骤 3：登录页面包含图片、表单控件等内容，其结构通过表格标签实现。

```
<table align="center">
<tr>
  <td>
  ...
  </td>
</tr>
</table>
```

步骤 4：实现图片插入，设置图片大小。空白单元格实现图片与登录框之间的距离调整。

```
<td colspan="8">
  <img src="images/img01.jpg" width="350px" height="300px"/>
</td>
<td>    </td>
```

步骤 5：设计登录框。登录框的设计包括账号框、密码框、登录按钮、“我同意该协议”复选框、注册链接。账号框和密码框采用<input>标签的文本框实现；登录按钮采用<input>标签的提交按钮实现；“我同意该协议”复选框采用<input>标签的复选框实现；注册链接采用超链接实现。

```
<td>
  <input type="text" id="userName" name="uName" placeholder="手机号/邮箱地址/昵称" size="24"/>
  <p></p>
  <input type="text" id="userPwd" name="uPwd" placeholder="请输入密码"
size="24"/>
  <p></p>
  <button type="submit">登录</button>
  <p></p>
  <p>
        <input type="checkbox" name="agree" id="agree-btn" value="true" />
        <label for="agree-btn">我同意该协议</label>
```

```
    </p>
    <p></p>
    <p align="right">
    <a href="#">无账号，前往注册</a>
    </p>
</td>
```

步骤 6：通过块级标签和行级标签实现页脚的设计。

```
<div align="center">
    <p>
        <span>关于我们  |</span>  
        <span>联系我们  |</span>  
        <span>人才招聘  |</span>  
        <span>商家入驻  |</span>  
        <span>广告服务  |</span>  
        <span>友情链接  |</span>  
        <span>销售联盟  |</span>  
        <span>English Site</span>
    </p>
    <h6>Copyright © 2021-2026 全网 xxx.com 版权所有</h6>
</div>
```

小结

本项目首先介绍了 HTML 的基本结构和基本概念，然后讲解了 HTML 中常用的标签：标题标签、段落标签、文本修饰标签及空标签，同时讲解了行级标签和块级标签，接着详细讲解了列表、绝对路径与相对路径、超链接、表格、表单等内容。通过学习本章内容，读者可以掌握 HTML 的基础知识，实现基本的网页设计，为进一步学习网页的样式设计打好基础。

习题

1. 选择题

（1）网页是由 HTML 来实现的，HTML 是（　　）。

A. 大型数据库　　B. 网页源文件中出现的唯一一种语言

C. 网络通信协议　　D. 超文本标记语言

（2）下列标签中，用于定义 HTML5 文档所要显示的内容的是（　　）。

A. <body>、</body>　　B. <head>、</head>

C. <html>、</html>　　D. <title>、</title>

（3）标签<img src="pic1.gif" align="center">的作用是（　　）。

A. 插入图片 pic1.gif，图片水平对齐，采用“居中”方式

B. 插入图片 pic1.gif，图片垂直对齐，采用“居中”方式

C. 插入图片 pic1.gif，图片右侧文字水平对齐，采用“居中”方式

D. 插入图片 pic1.gif，图片右侧文字垂直位置相对图片“居中”

（4）如何定义列表的项目符号为实心矩形？（　　）

A. type: square　　B. type: 2

C. list-style-type: square　　D. list-type: square

（5）下列选项中，用于定义输入搜索关键字的<input>标签类型是（　　）。

A. E-mail 类型　　B. number 类型

C. search 类型　　D. tel 类型

2. 填空题

（1）<img/>标签中 src 属性的属性值是（　　）。

（2）自定义列表以（　　）标签开始；每个自定义列表项以（　　）开始；每个自定义列表项的定义以（　　）开始。

（3）表格的边框属性 border 的默认值是（　　）。

项目3

CSS（层迭样式表）

内容导学

本项目主要学习 CSS 基础样式、盒模型、浮动与定位等内容。CSS 基础样式部分介绍了 CSS 的基本语法结构、CSS 的分类与引入、CSS 选择器、CSS 文本样式规则及 CSS 常见样式规则。盒模型部分介绍了盒模型及 CSS 的边框和边距。浮动部分介绍了文档流及浮动的原理、消除浮动的方法；定位部分介绍了静态定位、相对定位、绝对定位和固定定位。掌握这些内容可以为 Web 前端开发页面的设计打下良好的基础。

学习目标

① 掌握 CSS 基础样式。

② 理解并掌握盒模型。

③ 掌握浮动的原理及浮动的设置、清除方法。

④ 掌握相对定位和绝对定位的使用方法。

任务 1　新闻详情页制作

3.1.1　案例描述

新闻详情页是对新闻内容的具体展示，采取图文并茂的形式，使用户获得更丰富的新闻内容。

新闻详情页的制作需要通过 CSS 来完成，包括 CSS 选择器、CSS 基础样式、CSS 文本样式等。案例效果如图 3-1 所示。

图 3-1　新闻详情页效果

3.1.2　知识储备

CSS（Cascading Style Sheet，层迭样式表）是控制网页外观的一种技术。

HTML、CSS 和 JavaScript 是前端技术中的核心技术。HTML 控制网页的结构，CSS 控制网页的外观，而 JavaScript 控制网页的行为。下面介绍 CSS 相关的知识。

1. CSS 基础语法

CSS 主要用于对页面元素进行控制，样式是 CSS 的最小语法单元。每个样式包含两部分内容：选择器和声明（规则），如图 3-2 所示。

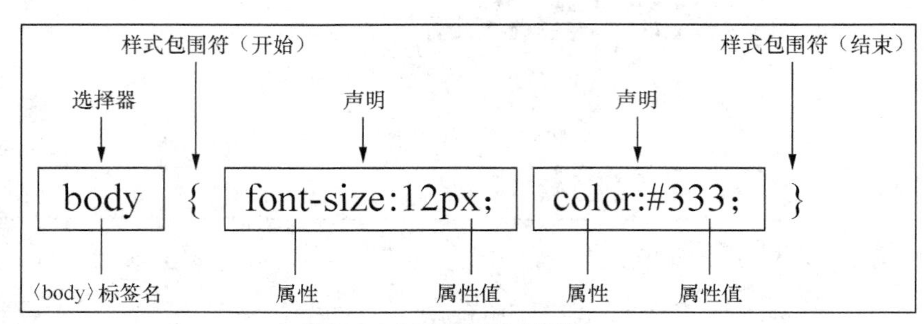

图 3-2　CSS 样式基本结构

（1）选择器（Selector）

选择器用于“告诉”浏览器该样式将作用于页面中哪些对象，这些对象可以是某个标签、所有网页对象、指定的 class 或 id 值等。浏览器在解析这个样式时，根据选择器来渲染对象的显示效果。

（2）声明（Declaration）

声明可以是一个，也可以有无数个，声明“告诉”浏览器如何去渲染选择器指定的对象。所有声明放置在一对“{}”内。

声明必须包括两部分：属性（Property）和属性值（Value）。通常我们用分号来标识一个声明的结束，在一个样式中，最后一个声明可以省略分号。

属性是 CSS 提供的设置好的样式选项。属性名由一个单词或多个单词组成，多个单词组成的属性名通过连字符相连。这样能够很直观地体现属性所要设置样式的效果。

属性值是用来显示属性效果的参数，包括数值和单位，或者关键字。

2. CSS 分类与引入方式

添加 CSS 有 4 种方法，分别是：行内样式表、内部样式表（内嵌式）、外部样式表（link）、导入样式表。

（1）行内样式表

基本格式如下。

```
<标签名 style ="属性 1:属性值 1; 属性 2:属性值 2;"> 内容 </标签名>
```

例如：

```
<p style="color: red; font-size: 20px;">我是行内样式</p>
```

（2）内部样式表

基本格式如下。

```
<style type="text/css">
    选择器{ 属性名：属性值；}
</style>
```

内部样式写在<style>标签内，整个内部样式表放置于<head>标签内。例如：

```
<!DOCTYPE html>
```

```
<html>
 <head>
        <meta charset="utf-8">
        <title>内部样式</title>
        <style type="text/css">
                p{
                        color: red;
                        font-size: 25px;
                }
                h1{
                        color: yellow;
                }
        </style>
 </head>
 <body>
        <p>我是内嵌式</p>
        <h1>我是内嵌式 2</h1>
 </body>
</html>
```

效果如图 3-3 所示。

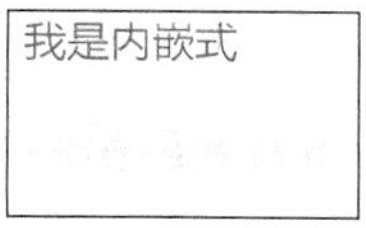

我是内嵌式

图 3-3　内部样式表效果

（3）外部样式表

基本格式如下。

```
<link type="text/css" rel="stylesheet" href="css 文件的 url 地址">
```

例如：

```
p{
 color:red;
 font-size:20px;
}
```

通过 link 方式加载到页面中，<link>标签放置于<head>标签内，如下。

```
<!DOCTYPE html>
<html>
 <head>
        <meta charset="utf-8">
        <title>外部样式表张三</title>
<!--    在 css 文件夹中创建一个后缀为.css 的文件，在 index 文件中使用 link 标签引入外部 css 样式 -->
        <link rel="stylesheet" type="text/css" href="css/style.css"/>
 </head>
 <body>
        <p>我是外部样式表</p>
 </body>
</html>
```

效果如图 3-4 所示。

我是外部样式表

图 3-4　外部样式表效果

（4）导入样式表

导入样式表方式与外部样式表相似，不过在实际开发中，我们极少使用导入样式表方式，而更倾向于使用外部样式表方式（link），原因在于导入样式表方式先加载 HTML，后加载 CSS；而外部样式表方式先加载 CSS，后加载 HTML。

如果 HTML 在 CSS 之前加载，则页面体验会很差。因此，目前不需要了解导入样式表方式。

3. CSS 选择器

CSS 选择器主要包括标签名称选择器、id 选择器、class 选择器等。CSS 选择器在命名时遵循以下规则。

- 在命名时应采用连接符命名方式，例如，my-title。
- 名称只能包含字符[a~z、A~Z、0~9]和 ISO 10646 字符编码 U+00A1 及以上，再加连字符“-”和下画线“_”；名称不能以数字或一个连字符+数字开头。

（1）标签名称选择器

基本格式如下。

```
标签名{属性 1:属性值 1;属性 2:属性值 2;属性 3:属性值 3;...}
```

标签名称选择器按标签名称分类，给页面中某一类标签指定统一的 CSS 样式。标签名称选择器的最大优势在于能够快速地对页面中相同类型的标签进行统一设置。但这也是它的缺点，即不能完成差异化的样式设计。

当标签名称相同时，在 HTML 页面中，元素会自动使用设置的样式。

例如：

```
<!DOCTYPE html>
<html>
 <head>
        <meta charset="utf-8">
        <title>标签名称选择器</title>
        <style type="text/css">
               p{
                      color: green;
               }
        </style>
 </head>
 <body>
        <p>111 我是用标签名称选择器实现样式</p>
        <p>222 我是用标签名称选择器实现样式</p>
 </body>
</html>
```

效果如图 3-5 所示。

111我是用标签名称选择器实现样式

222我是用标签名称选择器实现样式

图 3-5　标签名称选择器运行效果

（2）id 选择器

基本格式如下。

```
#id 属性值{属性名 1:属性值 1;属性名 2:属性值 2;...}
```

说 明

id 名前面必须加上前缀“#”，否则该选择器无法生效。

在使用样式时，需要在标签内设置 id=“id 选择器名称”。

例如：

```
<!DOCTYPE html>
<html>
```

```
  <head>
      <meta charset="utf-8">
      <title>id 选择器</title>
      <style type="text/css">
          /*使用#id 属性值的方式给 id 选择器添加样式*/
          #section{
              font-weight: bold;
              color: red;
          }
          #para{
              font-size: 22px;
          }
      </style>
  </head>
  <body>
      <p id="section">段落一设置文字加粗红色</p>
      <p id="para">段落二设置字体 22px</p>
  </body>
</html>
```

效果如图 3-6 所示。

段落一设置文字加粗红色

段落二设置字体22px

图 3-6　id 选择器运行效果

（3）class 选择器

基本格式如下。

```
.class 属性值{属性名 1:属性值 1;属性名 2:属性值 2;...}
```

class 名前面必须加上前缀“.”（英文点号），否则该选择器无法生效。class 选择器也称为“类选择器”。我们可以给“相同元素”或者“不同元素”设置一个 class（类名），然后对这个 class 的元素进行 CSS 样式设置。

在给元素添加样式时，使用 class=“class 选择器名称”。

例如：

```
<!DOCTYPE html>
<html>
  <head>
      <meta charset="utf-8">
      <title>类选择器</title>
      <style type="text/css">
          .bold{
              color: red;
              font-weight: bold;
          }
          .font{
              font-size: 22px;
          }
      </style>
  </head>
  <body>
      <p class="bold">段落一设置文字加粗红色</p>
```

```
        <p class="font">段落二设置字体 22px</p>
        <p class="font">段落三设置字体 22px</p>
        <p class="font bold">段落四同时设置字体 22px 红色加粗效果</p>
  </body>
</html>
```

程序运行效果如图 3-7 所示。

段落一设置文字加粗红色

段落二设置字体22px

段落三设置字体22px

段落四同时设置字体22px红色加粗效果

图 3-7　class 选择器运行效果

（4）后代选择器

基本格式如下。

```
外层标签 内层标签{属性名 1:属性值 1;属性名 2:属性值 2;...}
```

注意

后代选择器选择作为某元素后代的元素。在该选择器中，“外层元素（祖先元素）”和“内层元素（后代元素）”之间用空格隔开，表示选中外层元素的内层后代元素（所有内层元素）。

例如：

```
<!DOCTYPE html>
<html>
  <head>
        <meta charset="utf-8">
        <title>后代选择器</title>
        <style type="text/css">
              div p{
                    font-size: 18px;
                    color: red;
                    font-weight: bold;
              }
        </style>
  </head>
  <body>
        <div>
              <p>我是 div 的后代</p>
        </div>
  </body>
</html>
```

程序运行效果如图 3-8 所示。

我是div的后代

图 3-8　后代选择器运行效果

（5）伪类选择器

在 CSS 中，伪类选择器分为三大类：结构化伪类选择器、伪元素选择器和链接伪类选择器。

结构化伪类选择器分为 8 种。

① :root 选择器

从字面上可以很清楚地理解，该选择器名称的意思就是匹配某元素所在文档的根元素。在 HTML 文档中，根元素始终是<html>，使用:root 选择器编辑的样式，可以运用至页面的所有元素。

例如：

```
<!DOCTYPE html>
<html>
 <head>
      <meta charset="utf-8">
      <title>:root 选择器</title>
      <style type="text/css">
           :root{
                background-color: pink;
           }
      </style>
 </head>
 <body>
…
 </body>
</html>
```

② :not 选择器

:not 选择器也称为否定选择器，可以选择除某个元素外的所有元素。如果需要指定使用某种样式，就可以使用:not 选择器。

例如：

```
<!DOCTYPE html>
<html>
 <head>
      <meta charset="utf-8" />
      <title>:not 伪类选择器</title>
      <style type="text/css">
           p{
                color: #000;
           }
           :not(p){
                color:#ff0000 ;
           }
      </style>
 </head>
 <body>
      <div>我是一个 div 标签</div>
      <p>我是一个 p 标签</p>
      <span>我是 span 标签</span>
 </body>
</html>
```

我是一个div标签

我是一个p标签

我是span标签

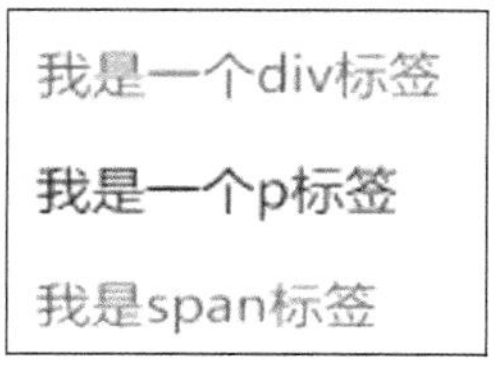

图 3-9 :not 选择器运行效果

程序运行效果如图 3-9 所示。

③ :only-child 选择器

:only-child 选择器选择的是父级元素中仅有的一个子元素，且它是唯一的子元素。也可以说，匹配元素的父级元素只有一个子元素，是唯一的子元素。

例如：

```
<!DOCTYPE html>
<html>
 <head>
        <meta charset="utf-8">
        <title>:only-child 选择器</title>
        <style type="text/css">
                p:only-child{
                        color: pink;
                }
        </style>
 </head>
 <body>
        <div><p>我是一个 p 标签</p></div>
        <div><span>我是 span 标签</span><p>我是一个 p 标签</p></div>
        <p><b>注意:IE 8 以及更早版本的浏览器不支持:only-child 选择器.</b></p>
 </body>
</html>
```

程序运行效果如图 3-10 所示。

我是一个p标签

我是span标签

我是一个p标签

注意:IE 8以及更早版本的浏览器不支持:only-child选择器.

图 3-10 :only-child 选择器运行效果

④ :first-child 和:last-child 选择器

顾名思义，:first-child 和:last-child 就是指第一个子元素、最后一个子元素，分别作用于父级元素中第一个或者最后一个子元素。

例如：

```
<!DOCTYPE html>
<html>
 <head>
        <meta charset="utf-8">
        <title>:first-child 和:last-child 选择器</title>
 </head>
 <style type="text/css">
        p:first-child{
                color: blue;
        }
        p:last-child{
                color: red;
```

```
        }
    </style>
    <body>
        <p>我是一个 p 标签</p>
        <p>我是一个 p 标签</p>
        <p>我是一个 p 标签</p>
        <p>我是一个 p 标签</p>
        <p>我是一个 p 标签</p>
        <p>我是一个 p 标签</p>
    </body>
</html>
```

我是一个p标签
我是一个p标签
我是一个p标签
我是一个p标签
我是一个p标签
我是一个p标签

图 3-11　:first-child 和:last-child 选择器运行效果

程序运行效果如图 3-11 所示。

⑤ :nth-child(n)和:nth-last-child(n)选择器

:first-child 和:last-child 选择器只能作用于第一个和最后一个子元素，而:nth-child(n)和:nth-last-child(n)选择器可以与之互补，用于定义第二个至倒数第二个子元素之间的某个元素。*n* 为参数，可以是整数值 1、2、3、4…，也可以是表达式 2*n*+1、-*n*+7 和关键字 odd、even，但是 *n* 总是从 1 开始，而不是从 0 开始。也就是说 *n* 为 0 时，选择器将无法选择任何元素。在:nth-last-child(n)选择器中，“last”的意思就是从父级元素的最后一个子元素开始计算，指定某个特定元素。

例如：

```
<!DOCTYPE html>
<html>
    <head>
        <meta charset="utf-8">
        <title>:nth-child 和:nth-last-child 选择器</title>
    </head>
    <style type="text/css">
        p:nth-child(2){
            background-color: blue;
        }
        p:nth-last-child(3){
            background-color: red;
        }
    </style>
    <body>
            <p>我是一个 p 标签</p>
            <p>我是一个 p 标签</p>
            <p>我是一个 p 标签</p>
            <p>我是一个 p 标签</p>
            <p>我是一个 p 标签</p>
            <p>我是一个 p 标签</p>
            <p>我是一个 p 标签</p>
            <p>我是一个 p 标签</p>
    </body>
</html>
```

效果如图 3-12 所示。

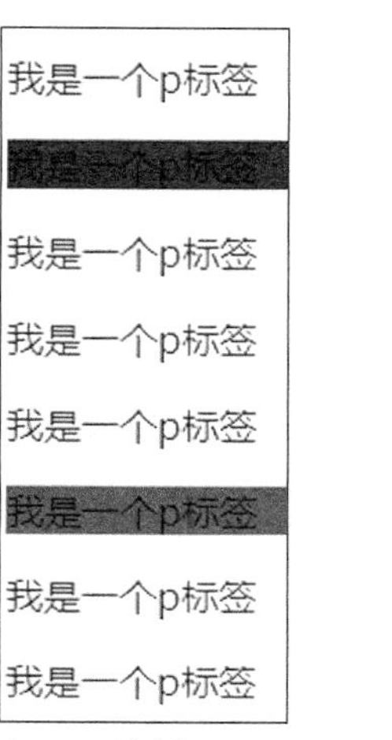

图 3-12　:nth-child(n)和:nth-last-child(n)选择器运行效果

⑥ :nth-of-type(n)和:nth-last-of- type(n)选择器

:nth-of-type(n)和:nth-last-of-type(n)选择器名称中的“type”指类型，:nth-child(n)和:nth-last-child(n)选择器作用于匹配父级元素的正数第 *n* 个和倒数第 *n* 个子元素，而:nth-of-type(n)和:nth-last-of-type(n)选择器只作用于父级元素中特定类型的正数第 *n* 个和倒数第 *n* 个子元素。

例如：

```
<!DOCTYPE html>
<html>
 <head>
      <meta charset="utf-8">
      <title>:nth-of-type(n)和:nth-last-of-type(n)选择器</title>
 </head>
 <style type="text/css">
      div a:nth-of-type(1){
           background-color: pink;
      }
      div span:nth-last-of-type(1){
           background-color: red;
      }
 </style>
 <body>
      <div>
           <p>我是一个 p 标签</p>
           <a href="#">我是一个 a 标签</a>
           <a href="#">我是一个 a 标签</a>
           <p>我是一个 p 标签</p>
           <p>我是一个 p 标签</p>
           <span>我是一个 span</span>
           <span>我是一个 span</span>
           <p>我是一个 p 标签</p>
      </div>
 </body>
</html>
```

效果如图 3-13 所示。

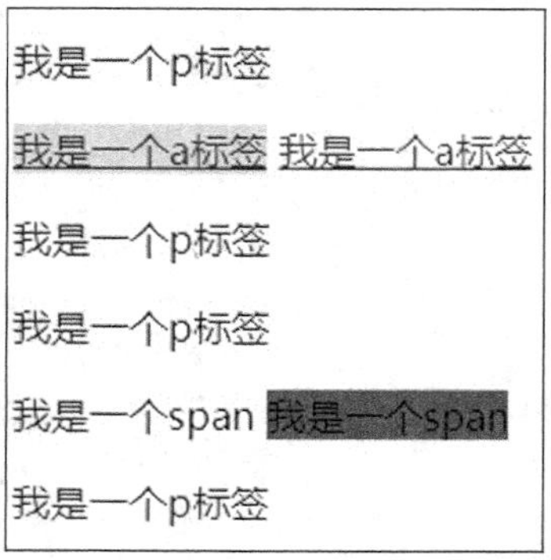

我是一个p标签

我是一个a标签 我是一个a标签

我是一个p标签

我是一个p标签

我是一个span 我是一个span

我是一个p标签

图 3-13　:nth-of-type(n)和:nth-last-of-type(n)选择器运行效果

⑦ :empty 选择器

:empty 选择器用于选择每个没有任何子元素的元素。

例如：

```
<!DOCTYPE html>
<html>
 <head>
      <meta charset="utf-8">
      <title>:empty 选择器</title>
      <style type="text/css">
           p:empty{
                width: 100px;
```

```
                height: 30px;
                background-color: red;
            }
        </style>
    </head>
    <body>
        <p>我是一个 p 标签</p>
        <p>我是一个 p 标签</p>
        <p></p>
        <p>我是一个 p 标签</p>
        <p>我是一个 p 标签</p>
    </body>
</html>
```

效果如图 3-14 所示。

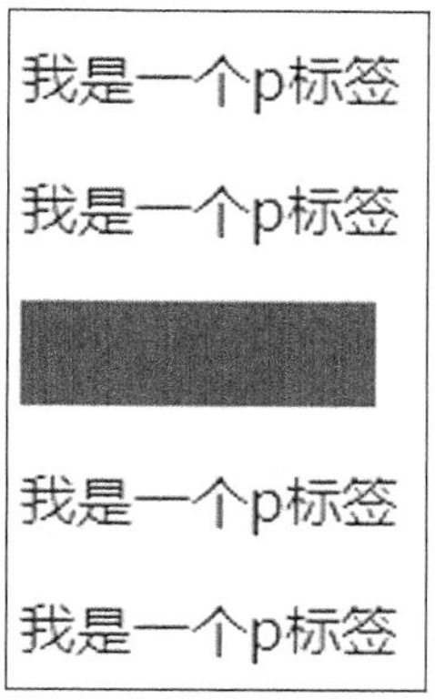

图 3-14　:empty 选择器运行效果

⑧ :target 选择器

:target 选择器用来匹配文档或页面的 URL 中某个标识符的目标元素，也就是说，URL 中的标识符通常会包含一个“#”符号，并且后面带有一个标识符名称，如#respond，功能匹配 id 为 respond 的元素。

例如：

```
<!DOCTYPE html>
<html>
    <head>
        <meta charset="utf-8">
        <title>:target 选择器</title>
        <style type="text/css">
            :target{
                background-color: #bfa;
            }
        </style>
    </head>
    <body>
        <p><a href="#respond1">跳转至内容 1</a></p>
        <p><a href="#respond2">跳转至内容 2</a></p>
        <p>我是一个普通的 p 标签</p>
        <p id="respond1">这是被绑定跳转内容的 p 标签</p>
        <p id="respond2">这是被绑定跳转内容的 p 标签</p>
    </body>
</html>
```

效果如图 3-15 所示。

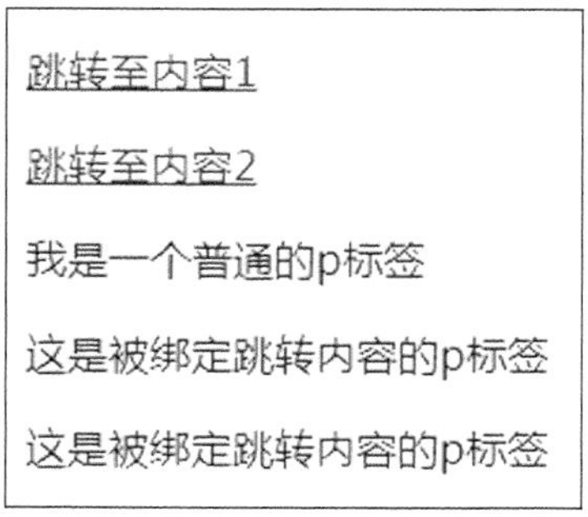

图 3-15　:target 选择器运行效果

伪元素选择器有两种，分别是:before 选择器和:after 选择器。

① :before 选择器

:before 选择器的作用是在子元素的最前面添加一个伪元素，这个伪元素的内容要由 content 属性控制，我们可以在 content 属性中写入文本，但是通常 content 属性为空字符。

例如：

```
<!DOCTYPE html>
<html>
 <head>
        <meta charset="utf-8">
        <title>:before 选择器</title>
        <style type="text/css">
                p:before{
                        content: "我是添加内容，";
                }
        </style>
 </head>
 <body>
        <p>我是一个 p 标签</p>
        <p>我也是一个 p 标签</p>
 </body>
</html>
```

效果如图 3-16 所示。

我是添加内容，我是一个p标签

我是添加内容，我也是一个p标签

图 3-16 :before 选择器运行效果

② :after 选择器

:after 选择器的作用是在子元素的最后添加一个伪元素，这个伪元素的内容由 content 属性控制，我们可以在 content 属性中写入文本，但是通常 content 属性为空字符。

注意 **伪元素选择器必须设置 content 属性，而且默认是行内元素。伪元素不是真实存在的，故不能添加 hover。伪元素选择器一般用于清除浮动或者添加小图标。**

例如：

```
<!DOCTYPE html>
<html>
 <head>
        <meta charset="utf-8">
        <title>:after 选择器</title>
        <style type="text/css">
             p:after{
                  content: "我是添加内容";
             }
        </style>
 </head>
 <body>
        <p>我是一个 p 标签，</p>
        <p>我也是一个 p 标签，</p>
 </body>
</html>
```

效果如图 3-17 所示。

我是一个p标签，我是添加内容

我也是一个p标签，我是添加内容

图 3-17 :after 选择器运行效果

链接伪类选择器一般分为以下 4 种。

① :link

:link 表示未访问的链接状态。

例如：

```
<!DOCTYPE html>
<html>
 <head>
        <meta charset="utf-8">
        <title>:link 选择器</title>
        <style type="text/css">
              a:link{
                   background-color: yellow;
              }
        </style>
 </head>
 <body>
        <a href="#">这是一个 a 标签</a>
        <a href="#">这是一个 a 标签</a>
 </body>
</html>
```

效果如图 3-18 所示。

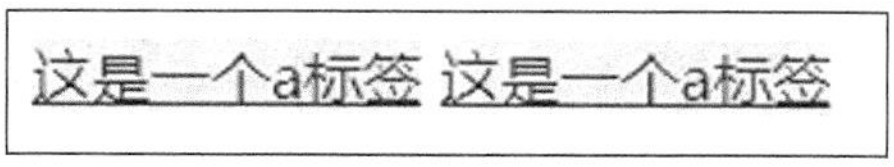

这是一个a标签 这是一个a标签

图 3-18　:link 选择器运行效果

② :visited

:visited 表示已经访问过的链接的状态，通过超链接访问的内容，字体颜色会默认变成紫色，也可通过:visited 来设置访问过的链接的字体颜色。

例如：

```
<!DOCTYPE html>
<html>
 <head>
        <meta charset="utf-8">
        <title>:visited 选择器</title>
        <style type="text/css">
              .box a:visited{
                     color: #0ff;
              }
        </style>
 </head>
 <body>
        <div class="box">
              <a href="#">这是一个 a 标签</a>
              <a href="#">这是一个 a 标签</a>
        </div>
 </body>
</html>
```

:visited 选择器运行效果如图 3-19 所示。

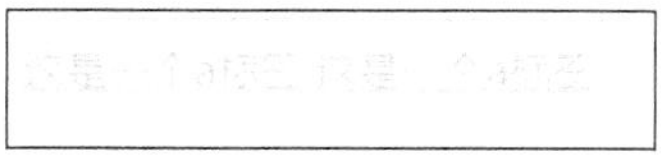

图 3-19　: visited 选择器运行效果

③ :hover

:hover 表示鼠标光标移动到链接时链接的变化。

例如：

```
<!DOCTYPE html>
<html>
  <head>
        <meta charset="utf-8">
        <title>:hover 选择器</title>
  </head>
  <style type="text/css">
        p:hover{
              background-color: #0000FF;
        }
  </style>
  <body>
        <p>这是一个 p 标签</p>
        <p>这是一个 p 标签</p>
        <p>这是一个 p 标签</p>
        <p>这是一个 p 标签</p>
        <p>这是一个 p 标签</p>
        <p>这是一个 p 标签</p>
        <p>这是一个 p 标签</p>
  </body>
</html>
```

这是一个p标签

这是一个p标签

这是一个p标签

这是一个p标签

这是一个p标签

这是一个p标签

这是一个p标签

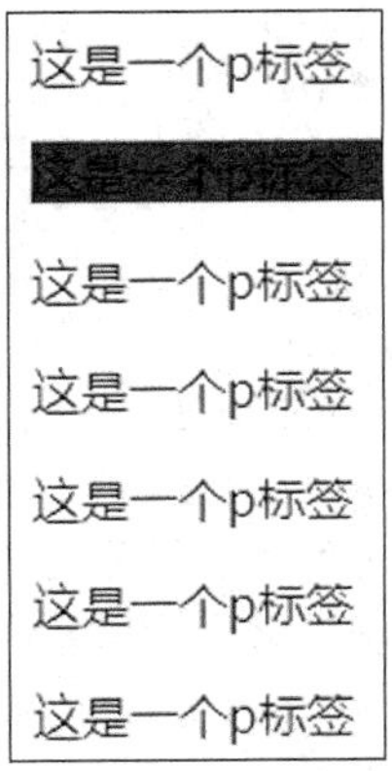

图 3-20 :hover 选择器运行效果

效果如图 3-20 所示。

④ :active

:active 表示按下鼠标左键不动，选定链接时的状态。

例如：

```
<!DOCTYPE html>
<html>
  <head>
        <meta charset="utf-8">
        <title>:active 选择器</title>
  </head>
  <style type="text/css">
        p:active{
              background-color: #FFFF00;
        }
  </style>
  <body>
        <p><a href="#">这是一个 a 标签</a></p>
        <p><a href="#">这是一个 a 标签</a></p>
        <p><a href="#">这是一个 a 标签</a></p>
        <p><a href="#">这是一个 a 标签</a></p>
        <p><a href="#">这是一个 a 标签</a></p>
        <p><a href="#">这是一个 a 标签</a></p>
```

```
        <p><a href="#">这是一个 a 标签</a></p>
    </body>
</html>
```

效果如图 3-21 所示。

这是一个a标签
这是一个a标签
这是一个a标签
这是一个a标签
这是一个a标签
这是一个a标签
这是一个a标签

图 3-21　:active 选择器运行效果

（6）组合选择器

基本格式如下。

```
选择器 1,选择器 2{属性 1：属性值 1；属性 2：属性值 2；}
```

组合选择器就是同时对几个选择器进行相同的操作。通常，当 CSS 中有多个地方需要使用相同的设定时，此时可以把这几个有相同设定的选择器合在一起，从而精简代码。

注意

对于组合选择器，两个选择器之间必须用“,”（英文逗号）隔开，否则组合选择器无法生效。

4. CSS 选择器优先级

优先级就是指先后顺序。CSS 选择器优先级由低到高的顺序为：浏览器默认设置（最低）、内部样式和外部样式（中等）、内联样式（最高）。

注意

可以给不同的选择器赋予权重（标记当前选择器的重要程度，权重越高优先级越高）。

（1）元素选择器/伪元素选择器：1。

（2）类选择器/伪类选择器/属性选择器：10。

（3）id 选择器：100。

（4）内联样式：1000。

（5）!important：10000。

比较优先级时，需要将每一组的选择器权重累加，权重大的优先级高，权重相同的，实行就近原则，离标签内容近的优先级高。

5. CSS 文本样式规则

在网页开发中，最先考虑的是页面的文字样式属性。文字样式属性通常包括字体类型、字体大小、字体粗细、字体颜色等。

（1）字体类型 font-family

基本格式如下。

```
p{font-family:"微软雅黑";}
```

例如：

```
<!DOCTYPE html>
<html>
  <head>
        <meta charset="utf-8">
        <title></title>
        <style type="text/css">
```

```
                #a {
                    font-family: 宋体;
                }
                #b {
                    font-family: 微软雅黑;
                }
            </style>
        </head>
        <body>
            <p id="a">字体为宋体</p>
            <p id="b">字体为微软雅黑</p>
        </body>
    </html>
```

效果如图 3-22 所示。

字体为宋体

字体为微软雅黑

图 3-22　字体类型效果

可以同时指定多个字体类型，中间以逗号隔开，如果浏览器不支持第一个字体类型，则会尝试下一个，直到找到合适的字体类型。

例如：

```
body{font-family:"华文彩云","宋体","黑体";}
```

使用 font-family 设置字体时，需要注意以下几点。

① 各字体类型之间必须使用英文状态下的逗号隔开。

② 中文字体需要加英文状态下的引号，英文字体一般不需要加引号。当需要设置英文字体时，英文字体名必须位于中文字体名之前。

③ 如果字体名中包含空格、#、$等符号，则该字体必须加英文状态下的单引号或双引号，例如，font-family: "Times New Roman";。

④ 尽量使用系统默认字体，以保证在任何用户的浏览器中都能正确显示内容。

（2）字体大小 font-size

在 CSS 中，使用 font-size 属性来定义字体大小。

基本格式如下。

```
font-size: 关键字/像素值;
```

注意

font-size 的属性值有两种，分别是使用关键字和使用 px 作为单位的数值。

采用关键字作为单位的数值，如表 3-1 所示。

表 3-1　font-size 属性取值（采用关键字作为单位的数值）

属性值	字体大小说明
xx-small	最小
x-small	较小
small	小
medium	默认值，正常
large	大
x-large	较大
xx-large	最大

例如：

```
<!DOCTYPE html>
<html>
 <head>
     <title> font- size 属性</title>
     <style type="text/css">
          #p1 {
               font-size: small;
          }
          #p2 {
               font-size: medium;
          }
          #p3 {
               font-size: large;
          }
     </style>
 </head>
 <body>
     <p id="p1"> 字体大小为“small（小）”</p>
     <p id="p2"> 字体大小为“medium（正常）”</p>
     <p id="p3"> 字体大小为“large（大）”</p>
 </body>
</html>
```

字体大小为“small（小）”

字体大小为“medium（正常）”

字体大小为“large（大）”

图 3-23 字体大小变化效果

效果如图 3-23 所示。

（3）字体粗细 font-weight

在 CSS 中，可以使用 font-weight 属性来定义字体粗细。

基本格式如下。

```
font-weight：粗细值;
```

注意

font-weight 属性值有两种，分别是关键字以及 100～900 的数值。

font-weight 属性值如表 3-2 所示。

表 3-2 font-weight 属性值（关键字）

属性值	说明
normal	默认值，正常字体
lighter	较细
bold	较粗
bolder	很粗（效果与 bold 相似）

如果 font-weight 属性值是 400，则相当于 normal，如果 font-weight 属性值是 700，则相当于 bold。数值越大表示字体越粗，数值越小表示字体越细。对于中文网页来说，一般使用 bold、normal 这两个属性值，不建议使用数值（100~900）。

例如：

```
<!DOCTYPE html>
<html>
 <head>
        <title> font- weight 属性</title>
        <style type="text/css">
                #p1 {
                        font-weight: lighter;
                }
                #p2 {
                        font-weight: normal;
                }
                #p3 {
                        font-weight: bold;
                }
        </style>
 </head>
 <body>
        <p id="p1">字体粗细为:lighter</p>
        <p id="p2">字体粗细为:normal(正常字体) </p>
        <p id="p3">字体粗细为:bold</p>
 </body>
</html>
```

效果如图 3-24 所示。

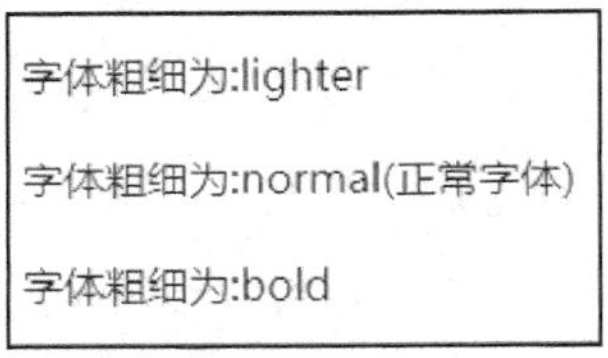

字体粗细为:lighter

字体粗细为:normal(正常字体)

字体粗细为:bold

图 3-24　字体粗细变化效果

（4）字体颜色 color

在 CSS 中，可以使用 color 属性来定义字体颜色。

基本格式如下。

```
color：颜色值;
```

注意

颜色值是一个关键字或一个十六进制的 RGB 值。

① color 属性使用关键字

关键字指颜色的英文名称，如 red、blue、green 等。

② color 属性使用十六进制 RGB 值

color 属性还可以使用十六进制 RGB 值。所谓的十六进制 RGB 值就是类似于#FF0000、#FF6600、#29D794 的值。使用这种方法可以设置 1677 万种颜色。在实际工作中，十六进制是最常用的定义颜色的方式。

③ RGB 代码，如红色可以表示为 rgb（255,0,0）、rgb(100%,0%,0%)。

例如：

```
<!DOCTYPE html>
<html>
 <head>
        <meta charset="utf-8">
```

```
        <title></title>
        <style type="text/css">
            #a {
                color: red;
            }
            #b {
                color: orange;
            }
            #c {
                color: blue;
            }
        </style>
    </head>
    <body>
        <p id="a">字体颜色为红色</p>
        <p id="b">字体颜色为橙色</p>
        <p id="c">字体颜色为蓝色</p>
    </body>
</html>
```

字体颜色为红色

字体颜色为橙色

字体颜色为蓝色

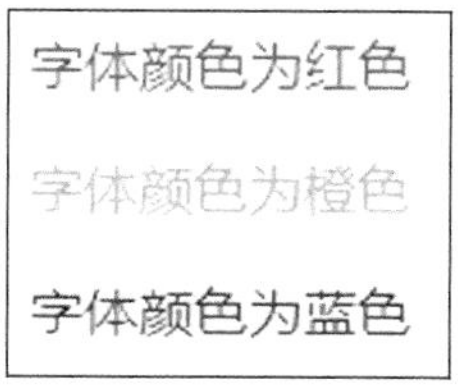

图 3-25　字体颜色变化效果
（在实际页面中可看到颜色区分）

效果如图 3-25 所示。

（5）文字特效

在 CSS 中，可以使用 font-style 属性来定义字体倾斜效果。基本格式如下。

```
font-style：属性值;
```

font-style 属性值如表 3-3 所示。

表 3-3　font-style 属性值

属性值	说明
normal	默认值，正常字体
italic	斜体
oblique	显示倾斜的文字效果

例如：

```
<!DOCTYPE html>
<html>
    <head>
        <meta charset="utf-8">
        <title></title>
        <style type="text/css">
            #a {
                font-style: normal;
            }
            #b {
                font-style: italic;
            }
            #c {
```

```
                font-style: oblique;
            }
        </style>
    </head>
    <body>
        <p id="a">字体样式为 normal</p>
        <p id="b">字体样式为 italic</p>
        <p id="b">字体样式为 oblique</p>
    </body>
    <html>
```

效果如图 3-26 所示。

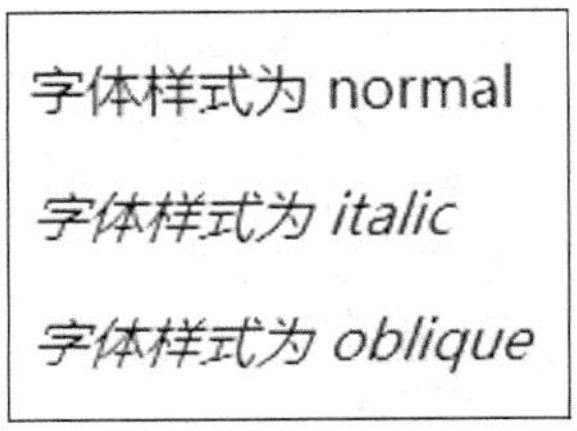

字体样式为 normal

字体样式为 italic

字体样式为 oblique

图 3-26　字体特效变化效果

（6）文本修饰：text-decoration

在 CSS 中，可以使用 text-decoration 属性来定义段落文本的下画线、删除线和顶画线。

基本格式如下。

```
text-decoration：属性值;
```

text-decoration 属性值如表 3-4 所示。

表 3-4　text-decoration 属性值

属性值	说明
none	默认值，用这个属性值可以去掉已经有下画线、删除线或顶画线的样式
underline	为文本添加下画线样式
line-through	为文本添加删除线样式
overline	为文本添加顶画线样式

例如：

```
<!DOCTYPE html>
<html>
 <head>
        <meta charset="utf-8">
        <title></title>
        <style type="text/css">
            #a {
                text-decoration: underline;
            }
            #b {
                text-decoration: line-through;
            }
            #c {
                text-decoration: overline;
            }
        </style>
 </head>
 <body>
        <p id="a">这是“下画线”效果</p>
        <p id="b">这是“删除线”效果</p>
        <p id="c">这是“顶画线”效果</p>
```

```
  </body>
</html>
```

效果如图 3-27 所示。

（7）文本样式

字体样式主要涉及字体本身的效果，而文本样式主要涉及多个文字的排版效果，即整个段落的排版效果。下面对文本样式进行介绍。

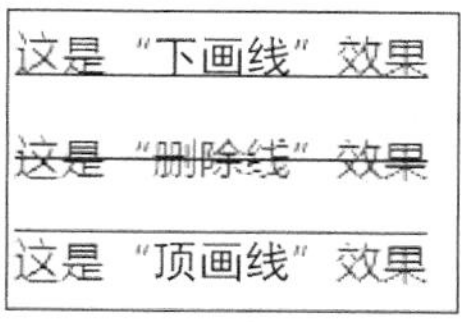

这是“下画线”效果

这是“删除线”效果

这是“顶画线”效果

图 3-27 文本修饰效果

① 首行缩进

在 CSS 中，可以用 text-indent 属性来定义段落的首行缩进。

基本格式如下。

```
text-indent：像素值;
```

② 水平对齐

在 CSS 中，可以使用 text-align 属性控制文本的水平方向的对齐方式：左对齐、居中对齐、右对齐。取值如表 3-5 所示。

基本格式如下。

```
text-align：属性值;
```

表 3-5 text-align 属性取值

属性值	说明
left	默认值，左对齐
center	居中对齐
right	右对齐

③ 文本的英文字母大小写

在 CSS 中，可以使用 text-transform 属性来转换文本的英文字母大小写，中文不存在大小写之分。

基本格式如下。

```
text-transform：属性值;
```

text-fransform 的属性值如表 3-6 所示。

表 3-6 text-transform 属性值

属性值	说明
none	默认值，无转换发生
uppercase	转换成大写字母
lowercase	转换成小写字母
capitalize	将每个英文单词的首字母转换成大写，其余无转换发生

例如：

```
<!DOCTYPE html>
<html>
 <head>
      <meta charset="utf-8">
      <title></title>
      <style type="text/css">
```

```
            #a {
                text-transform: uppercase;
            }
            #b {
                text-transform: lowercase;
            }
            #c {
                text-transform: capitalize;
            }
        </style>
    </head>
    <body>
        <p id="a">大写 There is no royal road to learning</p>
        <p id="b">小写 There is no royal road to learning</p>
        <p id="c">仅首字母大写 There is no royal road to learning</p>
    </body>
</html>
```

效果如图 3-28 所示。

大写THERE IS NO ROYAL ROAD TO LEARNING

小写there is no royal road to learning

仅首字母大写There Is No Royal Road To Learning

图 3-28　文本的英文字母大小写变化效果

④ 行高

在 CSS 中，可以使用 line-height 属性来控制文本的行高。

基本格式如下。

```
line-height：像素值;
```

注意

在 CSS 基础知识中，都是以像素为单位。

例如：

```
<!DOCTYPE html>
<html>
    <head>
        <meta charset="utf-8">
        <title></title>
        <style type="text/css">
            #a {
                line-height: 12px;
            }
            #b {
                line-height: 17px;
```

```
            }
            #c {
                line-height: 22px;
            }
        </style>
    </head>
    <body>
        <p id="a">中慧云启科技集团有限公司，多年来为赛项提供技术支持，成功为国家级、省级和市级的选拔工作提供技术支持和保障服务，中慧目前提供技术支持的赛项有很多。</p>
        <p id="b">中慧云启科技集团有限公司，多年来为赛项提供技术支持，成功为国家级、省级和市级的选拔工作提供技术支持和保障服务，中慧目前提供技术支持的赛项有很多。</p>
        <p id="c">中慧云启科技集团有限公司，多年来为赛项提供技术支持，成功为国家级、省级和市级的选拔工作提供技术支持和保障服务，中慧目前提供技术支持的赛项有很多。</p>
    </body>
</html>
```

效果如图 3-29 所示。

中慧云启科技集团有限公司，多年来为赛项提供技术支持，成功为国家级、省级和市级的选拔工作提供技术支持和保障服务，中慧目前提供技术支持的赛项有很多。

中慧云启科技集团有限公司，多年来为赛项提供技术支持，成功为国家级、省级和市级的选拔工作提供技术支持和保障服务，中慧目前提供技术支持的赛项有很多。

中慧云启科技集团有限公司，多年来为赛项提供技术支持，成功为国家级、省级和市级的选拔工作提供技术支持和保障服务，中慧目前提供技术支持的赛项有很多。

图 3-29　行高变化效果

⑤ 行间距与字间距

- 行间距（word-spacing）

word-spacing 属性用于定义一行中单词之间的距离。

例如：

```
<!DOCTYPE html>
<html>
  <head>
        <meta charset="utf-8">
        <title></title>
        <style type="text/css">
            #a {
                word-spacing: 0px;
            }
            #b {
                word-spacing: 3px;
            }
            #c {
                word-spacing: 5px;
            }
        </style>
  </head>
  <body>
```

```
        <p id="a">Practice makes perfect.熟能生巧</p>
        <p id="b">Practice makes perfect.熟能生巧</p>
        <p id="c">Practice makes perfect.熟能生巧</p>
    </body>
</html>
```

行间距变化效果如图 3-30 所示。

```
Practice makes perfect.熟能生巧

Practice  makes  perfect.熟能生巧

Practice  makes  perfect.熟能生巧
```

图 3-30　行间距变化效果

- 字间距（letter-spacing）

letter-spacing 属性用于定义字母之间的距离。

例如：

```
<!DOCTYPE html>
<html>
    <head>
        <meta charset="utf-8">
        <title></title>
        <style type="text/css">
            #a {
                letter-spacing: 0px;
            }
            #b {
                letter-spacing: 3px;
            }
            #c {
                letter-spacing: 5px;
            }
        </style>
    </head>
    <body>
        <p id="a">Practice makes perfect.熟能生巧</p>
        <p id="b">Practice makes perfect.熟能生巧</p>
        <p id="c">Practice makes perfect.熟能生巧</p>
    </body>
</html>
```

字间距变化效果如图 3-31 所示。

```
Practice makes perfect.熟能生巧

P r a c t i c e   m a k e s   p e r f e c t . 熟 能 生 巧

P  r  a  c  t  i  c  e    m  a  k  e  s    p  e  r  f  e  c  t  .  熟  能  生  巧
```

图 3-31　字间距变化效果

注意

letter-spacing 控制的是字间距，每一个中文文字即为一个“字”，而每一个英文字母也为一个“字”，这里需要特别留意。

6. CSS 常用样式规则

除了文字样式的设置，CSS 还有一些常用的样式规则，如下。

（1）width 属性

width 定义元素内容区的宽度，默认值是 auto，也可以使用 px、cm 等单位进行设置。

例如，width:300px；这一代码表示设置元素内容区的宽度为 300 像素；也可以设置百分比，如 width:50%；这一代码表示设置元素内容区的宽度占整个页面宽度的 50%。

（2）height 属性

height 定义元素内容区的高度。单位与 width 的单位相同。

（3）list-style 属性

list-style 是一个简写属性，它可以在一个声明中设置所有的列表属性。例如，list-style: square outside url('1.gif')；代码设置了列表的标记类型为方块、外部列表，使用图标 1 替换列表项的标记。

（4）overflow 属性

overflow 属性用于规定当内容溢出时如何进行处理。如果 overflow 的值为 scroll，那么无论是否需要，用户代理都会提供一种滚动机制。overflow 的常见值及说明如表 3-7 所示。

表 3-7 overflow 的常见值及说明

值	说明
visible	默认值。内容不会被修剪，会呈现在元素框之外
hidden	内容会被修剪，并且其余内容是不可见的
scroll	内容会被修剪，但是浏览器会显示滚动条以便查看其余内容
auto	如果内容被修剪，则浏览器会显示滚动条以便查看其余内容
inherit	规定应该从父级元素继承 overflow 属性的值

（5）background-color 属性

background-color 用来设置元素的背景颜色，使用的颜色值有以下几种，如表 3-8 所示。

表 3-8 background-color 属性值

值	描述
color_name	规定颜色值为颜色名称的背景颜色（如 red）
hex_number	规定颜色值为十六进制值的背景颜色（如#ff0000）
rgb_number	规定颜色值为 RGB 代码的背景颜色［如 RGB(255,0,0)］
transparent	默认。背景颜色为透明

3.1.3 需求分析

本案例“新闻详情页”主要包括新闻标题、新闻具体内容、内容配图、右侧相关新闻展示等模块，各个模块功能如下。

1. 新闻标题

设置新闻标题，标题显示清晰、布局合理。

2. 新闻具体内容

新闻具体内容的段落清晰，内容排版合理，通过文字样式进行布局控制。

3. 内容配图

为新闻稿配备对应的图片，通过图片标签设置大小、边框等以适应文本。

4. 右侧相关新闻展示

新闻详情页右侧的新闻展示包括新闻标题、新闻缩略图、新闻内容提示等，与主页面新闻的制作相同。

3.1.4 案例实施

步骤 1：新建 HTML 页面。

打开开发工具，选择“文件”→“新建 HTML 页面”，将标题设置为“新闻详情页”，代码如下。

```
<!DOCTYPE html>
<html>
 <head>
        <meta charset="utf-8">
        <title>新闻详情页</title>
        <!-- 引入 css 文件 -->
        <link rel="stylesheet" type="text/css" href="./css/index.css" />
 </head>
…
```

步骤 2：制作新闻详情页。

制作新闻详情页的代码如下。

```
<body>
 <div class="news">
        <div class="news-left">
                <h1 class="title">神舟十二号航天员在轨拍摄作品震撼来袭</h1>
                <div class="new-left-content">
                        <img src="image/1.jpg">
                        <p>2021 年 7 月 21 日，几内亚湾，夹杂潮湿水汽的西南季风并未停下它奔赴北非大陆的脚步。在进行了自行车冲刺间歇锻炼、肌维度训练、环控维护训练、神经肌肉训练等活动后，航天员汤洪波回到自己的卧室，拍下了这张照片。</p>
                </div>

                <p>2021 年秋天的一份美图</p>
                <p>是否让你心动？</p>
                <p>航天员们的每一次飞天</p>
```

```
                <p>都标定下中华民族</p>
                <p>向更高远星空进发</p>
            </div>
    </div>
</body>
```

使用的样式如下。

```
*{
  padding: 0;
  margin: 0;
}
.news{
  width: 1100px;
  height: 500px;
  margin: 20px auto;/* 水平居中 */
}
.news-left{
  width: 750px;
  float: left;/* 左浮动 */
}
.news-left>p{
  line-height: 50px;
  font-size: 18px;
}
.news-left .title{
  margin-bottom: 30px;
}
.new-left-content{
  /* 宽度设置为 100%,和父级元素宽度一样 */
  width: 100%;
  margin-bottom: 20px;
}
.new-left-content>img{
  width: 100%;
}
.new-left-content>p{
  text-indent: 2em;
  font-size: 18px;
  /* 行高 */
  line-height: 40px;
  /* 允许长单词换行到下一行 */
  word-wrap: break-word;
}
```

步骤 3：制作新闻详情页右侧相关推荐。

制作新闻详情页右侧相关推荐的代码如下。

```
<div class="news-right">
        <div class="news-right-ost">
        <h2>相关推荐</h2>
```

```
            <div class="ost-content">
                <img src="image/ost1.jpg">
                <a href="#">“神舟十二号”飞船发射成功,标志着我国航天技术达到新的水平。我国的航天事业取得了惊人的成就。</a>
            </div>
            <div class="ost-content">
                <img src="image/ost2.jpg">
                <a  href="#">近年来,我国航天事业的发展突飞猛进,有探月的嫦娥，有载人的神舟，还有成功对接的“神舟八号”</a>
            </div>
    </div>
  </div>
```

样式如下。

```
 .news-right{
  width: 320px;
  float: right;
 }
 .news-right h2{
  line-height: 30px;
  font-size: 20px;
  margin: 30px 0 10px;
 }
 .ost-content{
  width: 100%;
  margin-bottom: 15px;
 }
 .ost-content>img{
  width: 100%;
 }
 .ost-content>a{
  display: block;
  width: 100%;
  font-size: 13px;
  color: #333;
  /* 去掉文字下画线 */
  text-decoration: none;
  /* 超出部分显示为省略号 */
  overflow: hidden;
  white-space: nowrap;
  text-overflow: ellipsis;
 }
 /* 给 a 标签文字添加鼠标光标悬浮效果 */
 .ost-content>a:hover{
  color: #2291f7;
 }
 .news-right-ost>ul{
  list-style: none;
  width: 300px;
```

```
    padding: 10px;
    background-color: #efefef;
    overflow: hidden;
  }
  .news-right-ost>ul>li{
    width: 100%;
    height: 80px;
    margin-bottom: 10px;
  }
  .news-right-ost>ul>li>img{
    width: 100px;
    height: 75px;
    float: left;
  }
  .host-content{
    width: 190px;
    float: left;
    margin-left: 10px;
  }
  .host-content>a{
    display: block;
    text-decoration: none;
    color: #333;
    font-size: 13px;
  }
  .host-content>p{
    font-size: 12px;
    color: #afafaf;
    margin-top: 25px;
  }
  .news-host:hover{
    cursor: pointer;
    font-weight: bold;
    color: #000000;
  }
```

步骤 4：制作新闻详情页右侧“热点精选”。

制作新闻详情页右侧“热点精选”的代码如下。使用与步骤 3 相同的样式。

```
<div class="news-right-ost">
  <h2>热点精选</h2>
  <ul>
        <li>
              <img src="image/re1.png">
              <div class="host-content">
                    <a href="#">生命本就是一场孤独的跋涉，无论人生路上有多少纷繁热闹，终将抽身出来，
独自细数似水流年。</a>
                    <p>
                          <span class="news-host">新闻热点</span>
```

```
                        <span>1 小时前</span>
                    </p>
                </div>
            </li>
            <li>
                <img src="image/re2.png">
                <div class="host-content">
                    <a href="#">人生，就如同自己和自己下棋，你越计较，最后输的永远都是你</a>
                    <p>
                        <span class="news-host">新闻热点</span>
                        <span>1 小时前</span>
                    </p>
                </div>
            </li>
            <li>
                <img src="image/re3.png">
                <div class="host-content">
                    <a href="#">生病并不可怕，怕的是一病不起，输了并不可怕</a>
                    <p>
                        <span class="news-host">新闻热点</span>
                        <span>1 小时前</span>
                    </p>
                </div>
            </li>
            <li>
                <img src="image/re4.png">
                <div class="host-content">
                    <a  href="#">对自己不满意，但自我安慰今天好好玩，明天再努力。既然知道路远，那明天
开始就要早点出发</a>
                    <p>
                        <span class="news-host">新闻热点</span>
                        <span>1 小时前</span>
                    </p>
                </div>
            </li>
        </ul>
    </div>
```

任务 2　个人相册制作

3.2.1　案例描述

个人相册能够展示一个人的风貌，合理的排列布局可以让相册看起来更加整洁、美观，也可以提高用户的观赏度。

要完成个人相册的制作需要使用盒模型，包括设置盒模型的高度、大小、内外边距等。完成的效果如图 3-32 所示。

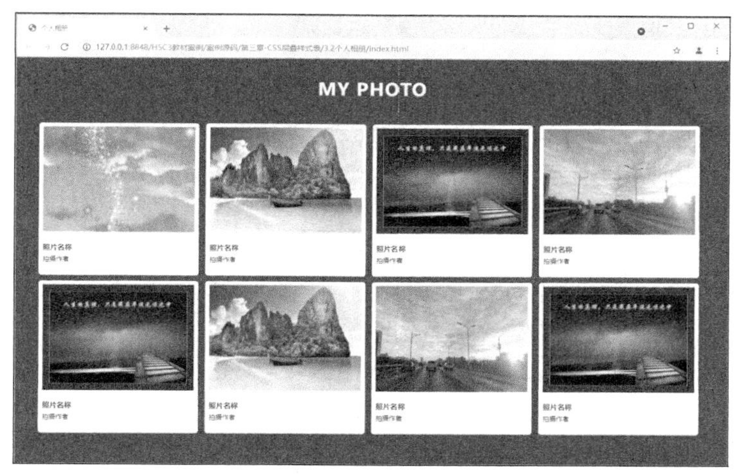

图 3-32　个人相册效果

3.2.2　知识储备

盒模型是 CSS 定位布局的核心内容，它指定元素如何显示及如何交互。页面上的每个元素都被看成一个矩形框，这个框由元素的内容、内边距、边框和外边距组成。网页布局关注的是这些“盒子”在页面中如何摆放、如何嵌套等问题，而这么多“盒子”摆放在一起，我们最需要关注的是“盒子”的尺寸计算、是否流动等问题，如图 3-33 所示。

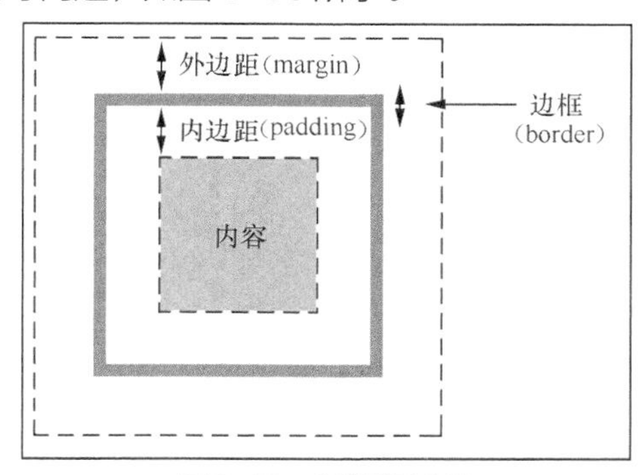

图 3-33　盒模型示意图

1. 宽度和高度

在盒模型中，对每个元素都需要设定宽度（width）和高度（height）。宽度和高度属性是 CSS 中设置元素大小的属性。

width 和 height 的取值相同，如表 3-9 所示。

表 3-9　width、height 取值

值	说明
length	定义一个固定的宽度、高度数值（使用像素、pt、em 等）
%	定义基于包含它的块级对象的百分比宽度、高度
auto	默认。浏览器会计算出实际的宽度、高度

盒模型的宽度和高度设置如下。

```
width:200px;
height:100px;
```

在创建一个盒模型时，首先要设置好盒模型的宽度和高度，再设置内边距、外边距、边框等其他属性才有意义。如果未设置宽度和高度，其他属性的设置则没有意义。

2. 内边距

内边距（padding）出现在内容区域的周围。如果在元素上添加背景，那么背景应在内容和内边距组成的区域。因此，可以用内边距在内容周围创建一个隔离带，使内容不与背景混合在一起。当元素的padding被清除时，所“释放”的区域将会被元素背景颜色填充。padding取值如表3-10所示。

表3-10　padding取值

值	说明
length	定义一个固定的内边距数值（使用像素、pt、em等）
%	使用百分比定义一个填充

在CSS中，padding可以指定不同的面，进行不同的边距的填充。

```
padding-top:25px;
padding-bottom:25px;
padding-left:50px;
padding-right:50px;
```

以上属性可以缩写为padding。

padding属性可以有1～4个值。

（1）padding:25px 50px 75px 100px;

① 上边距填充为25px。

② 右边距填充为50px。

③ 下边距填充为75px。

④ 左边距填充为100px。

（2）padding:25px 50px 75px;

① 上边距填充为25px。

② 左右边距填充为50px。

③ 下边距填充为75px。

（3）padding:25px 50px;

① 上、下边距填充为25px。

② 左、右边距填充为50px。

（4）padding:25px;

所有的边距填充为25px。

例如：

```
<html>
 <head>
     <title>内边距</title>
     <style type="text/css">
         p {
```

```
                    background-color: yellow;
                }
                p.padding {
                    padding-top: 50px;
                    padding-bottom: 50px;
                    padding-right: 50px;
                    padding-left: 50px;
                }
                p.paddings {
                    padding: 25px;
                }
            </style>
        </head>
        <body>
            <p>这是一个没有指定填充边距的段落。</p>
            <p class="padding">这是一个指定填充边距的段落。</p>
            <p class="paddings">这是一个指定填充边距的段落。</p>
        </body>
    </html>
```

运行 HTML 文件，结果如图 3-34 所示。

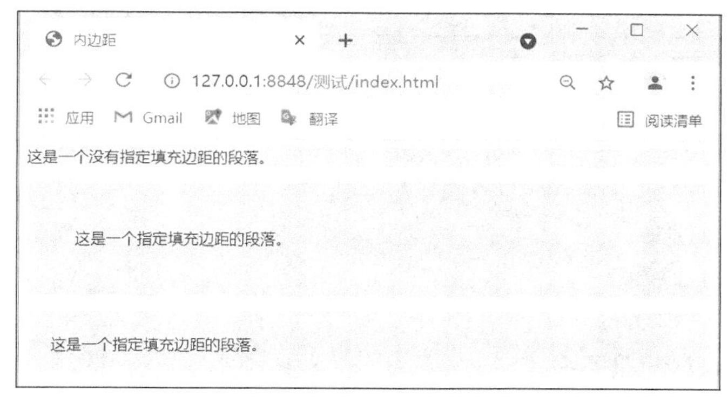

图 3-34　内边距使用效果

3. 外边距

外边距（margin）属性定义元素周围的空间。margin 清除元素周围的（边框外）的区域。margin 没有背景颜色，完全透明。margin 可以单独改变元素的上、下、左、右边距，也可以一次改变所有的属性，其取值如表 3-11 所示。

表 3-11　margin 取值

值	说明
length	定义一个固定的外边距数值（使用像素、pt、em 等）
%	定义一个使用百分比的边距
auto	设置浏览器边距，结果会依赖于浏览器

margin 可以为负值，如果 margin 为负值，则内容会重叠在一起。在 CSS 中，它可以指定不

同面的不同边距。

```
margin-top:100px;
margin-bottom:100px;
margin-right:50px;
margin-left:50px;
```

所有边距属性的缩写属性是“margin”。margin 属性可以有 1～4 个值，取值与内边距的取值相同，在此不再赘述。

4. 边框

边框（border）属性用来设置对象边框的颜色、样式和宽度。在设置对象的边框属性时，必须首先设定对象的高度和宽度。下面分别对边框颜色、边框样式和边框宽度进行解释。

（1）边框颜色（border-color）

border-color 属性用于设定边框的颜色。颜色的取值方式有 3 种，具体如表 3-12 所示。

表 3-12　border-color 取值方式

值	说明
name	指定颜色的名称（如 red）
RGB	指定 RGB 值［如 RGB(255,0,0)］
Hex	指定十六进制值（如#ff0000）

border-color 还可以被设置为“transparent”。

边框颜色的设置有 4 个参数，根据赋值个数的不同，会有以下几种情况。

① padding:red blue green yellow;

- 上边框填充为 red。
- 右边框填充为 blue。
- 下边框填充为 green。
- 左边框填充为 yellow。

② padding: red blue green;

- 上边框填充为 red。
- 左、右边框填充为 blue。
- 下边框填充为 green。

③ padding: red blue;

- 上、下边框填充为 red。
- 左、右边框填充为 blue。

④ padding: red;

所有的边框填充为 red。

注意

单独使用 border-color 是不起作用的，必须先使用 border-style 来设置边框样式。

（2）边框样式（border-style）

border-style 属性用于设定边框的样式。border-style 属性赋值方式如下。

- 如果指定 1 个值，则它将应用于所有 4 个边框。
- 如果指定了 2 个值，则第一个值将应用于顶部和底部边框，而第二个值将应用于右侧和左侧边框。
- 如果指定了 3 个值，则第一个值适用于顶部边框，第二个值适用于左、右边框，第三个值适用于底部边框。
- 如果指定了 4 个值，则每个值将按上、右、下和左的顺序分别应用于边框。

注意

如果 border-width 等于 0，则 border-style 属性将失去作用。

CSS 中提供的边框样式如表 3-13 所示。

表 3-13　边框样式

边框样式	说明
none	无边框
hidden	隐藏边框
dotted	点线边框
dashed	虚线边框
solid	实线边框
double	双线边框，两条单线与其间隔的和等于指定的 border-width 值
groove	根据 border-color 的值定义 3D 图形的沟槽边框
ridge	根据 border-color 的值定义 3D 图形的脊边框
inset	根据 border-color 的值定义 3D 图形的嵌入边框
outset	根据 border-color 的值定义 3D 图形的突出边框

边框样式效果（部分）如图 3-35 所示。

none: 默认无边框
dotted: dotted 定义一个点线边框
dashed: 定义一个虚线边框
solid: 定义实线边框
double: 定义两个边框。 两个边框的宽度和 border-width 的值相同
groove: 定义3D沟槽边框。效果取决于边框的颜色值
ridge: 定义3D脊边框。效果取决于边框的颜色值
inset:定义一个3D的嵌入边框。效果取决于边框的颜色值
outset: 定义一个3D突出边框。 效果取决于边框的颜色值

图 3-35　边框样式效果（部分）

（3）边框宽度（border-width）

border-width 属性用于设定边框的宽度，宽度的取值可以是关键字或自定义的数值。边框宽度同样有 4 个参数需要赋值。宽度取值的 3 个关键字具体如下。

① medium：默认宽度。

② thin：小于默认宽度。

③ thick：大于默认宽度。

上述 3 种属性针对单个边框使用，只需加上边框的位置即可。例如，要对 top 边框设置 width 属性可以进行如下设置。

```
border-top-width:关键字;
```

注意

① CSS 没有定义 3 个关键字的具体宽度，所以一个用户可能把 thick、medium 和 thin 分别设置为等于 5px、3px 和 2px，而另一个用户则可以分别设置为 3px、2px 和 1px。

② 单独使用 border-color 是不起作用的，必须先使用 border-style 来设置边框样式。

5. CSS 轮廓

轮廓（outline）是绘制于元素周围的一条线，指定元素轮廓的样式、颜色和宽度，位于边框边缘的外围，可起到突出元素的作用。表 3-14 定义了所有 outline 属性。

表 3-14　outline 属性

属性	说明	值
outline	在一个声明中设置所有的轮廓属性	outline-color outline-style outline-width inherit
outline-color	设置轮廓的颜色	color-name hex-number rgb-number invert inherit
outline-style	设置轮廓的样式	none dotted dashed solid double groove ridge inset outset inherit
outline-width	设置轮廓的宽度	thin medium thick length inherit

例如：

```
<html>
 <head>
        <title>css 轮廓</title>
        <style>
              p {
                    border: 1px solid red;
                    outline-style: dotted;
                    outline-color: #00ff00;
                    outline-width: 3px;
                    margin-top: 50px;
              }
        </style>
 </head>
 <body>
        <p><b>注意:</b> 只有规定了 !DOCTYPE 且有效，IE 8 才支持 outline 属性。</p>
 </body>
</html>
```

通过 IE 浏览器查看该 HTML 页面，结果如图 3-36 所示。

注意: 只有规定了 !DOCTYPE 且有效，IE 8 才支持 outline 属性。

图 3-36　CSS 轮廓属性示例

3.2.3　需求分析

本案例主要包括相册标题、照片封面、照片封面布局等模块，各模块功能如下。

1. 相册标题

相册标题用来展示用户的相册名称。

2. 照片封面

照片封面包括图片、照片名称、拍摄作者。鼠标光标经过时，外边框颜色发生改变，提示用户当前图片被选中。

3. 照片封面布局

采用 4×2 的布局方式展示照片。

3.2.4　案例实施

步骤 1：新建 HTML 页面，设置全局样式，代码如下。

```
*{
 margin: 0;
 padding: 0;
}
```

```
body {
  background: #3a3a3a;
}
```

步骤 2：制作第一个相册，代码如下。

```
<body>
  <h1 class="title">MY PHOTO</h1>
  <div id="box">
        <div class="photo-box">
              <img src="image/img01.jpg" alt="">
              <h5>照片名称</h5>
              <p>拍摄作者</p>
        </div>
</body>
```

样式如下。

```
.title {
  text-align: center;
  letter-spacing: 2px;
  color: #fff;
  font-family: "Microsoft YaHei UI";
  margin: 35px 0;
}

.photo-box {
  width: 274px;
  background: #fff;
  padding: 5px;
  display: inline-block;
  margin: 10px 8px 0 0;
  border: 2px solid transparent;
  border-radius: 5px;
}
.photo-box:hover{
  border-color: #f00;
}

.photo-box>img {
  width: 270px;
  height: 194px;
}

.photo-box>h5 {
  margin-top: 15px;
}

.photo-box>p {
  font-size: 12px;
```

```
  margin: 5px 0 15px 0;
}

#box {
  width: 1200px;
  margin: 0 auto;
  margin-bottom: 50px;
}
```

步骤 3：依次制作其他相册。

参照第一个相册的制作方法，完成其他相册的制作，代码如下。

```
<div class="photo-box">
  <img src="image/img01.jpg" alt="">
  <h5>照片名称</h5>
  <p>拍摄作者</p>
</div>
<div class="photo-box">
  <img src="image/img03.jpg" alt="">
  <h5>照片名称</h5>
  <p>拍摄作者</p>
</div>
<div class="photo-box">
  <img src="image/img02.jpg" alt="">
  <h5>照片名称</h5>
  <p>拍摄作者</p>
</div>
<div class="photo-box">
  <img src="image/img01.jpg" alt="">
  <h5>照片名称</h5>
  <p>拍摄作者</p>
</div>
…
<div class="photo-box">
  <img src="image/img02.jpg" alt="">
  <h5>照片名称</h5>
  <p>拍摄作者</p>
</div>
```

任务 3　商城列表布局

3.3.1　案例描述

购物类网站都会设有商品列表的展示页面，放置于网站首页用于展示热门商品，从而吸引用户的注意力。商品列表页面需要使用浮动相关知识来实现。商品列表效果如图 3-37 所示。

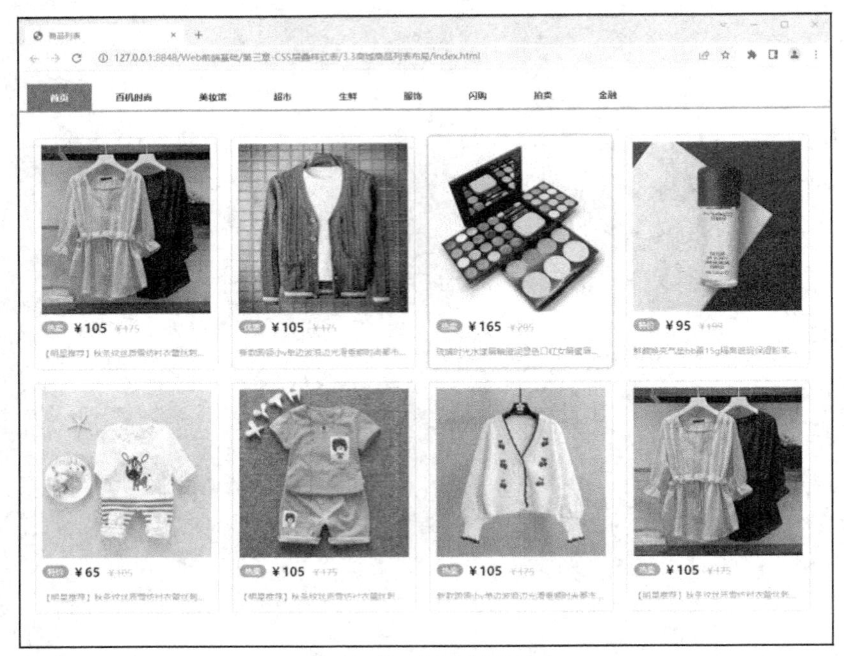

图 3-37　商品列表效果

3.3.2　知识储备

1. 块内标签、行内标签、行内块级标签

块内标签：这类标签占据一行或者多行，即使这类标签的宽度达不到父级元素的宽度，依然会占据一行的空间，不能与其他标签并排。

行内标签：这类标签可以和其他标签并排放置在一行中，直到所有标签的宽度之和超过该行的总宽度才会换到下一行显示。

行内块级标签：指标签本身是行内标签，但是转换成了块级标签，这类标签不能自动换行，但可以设置宽度和高度，行内块级标签从左到右排列。

2. 文档流简介

文档流指的是 HTML 中的标签在页面中出现的位置，正常情况下，标签会按照出现的顺序依次排开，其中块级标签独占一行空间，行内标签会按照从左向右的顺序依次排开。正常的文档流会把窗体分成一行一行的空间，各类标签依次填充进去。

和正常文档流相对的是脱离文档流，没有 CSS 样式控制的 HTML 文档会按照自上而下的代码顺序依次呈现。如图 3-38 所示，添加了 3 个<div>标签，正常依次显示。

脱离文档流就意味着标签“漂浮”在其他标签之上。我们对上面的 3 个<div>标签进行 CSS 样式控制，效果如图 3-39 所示。

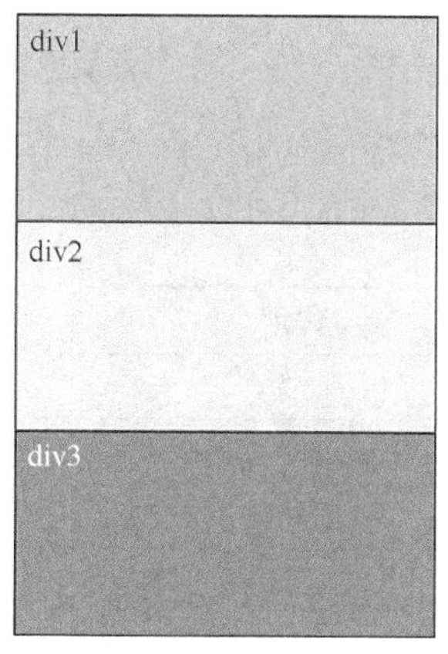

图 3-38　正常显示的 3 个<div>标签

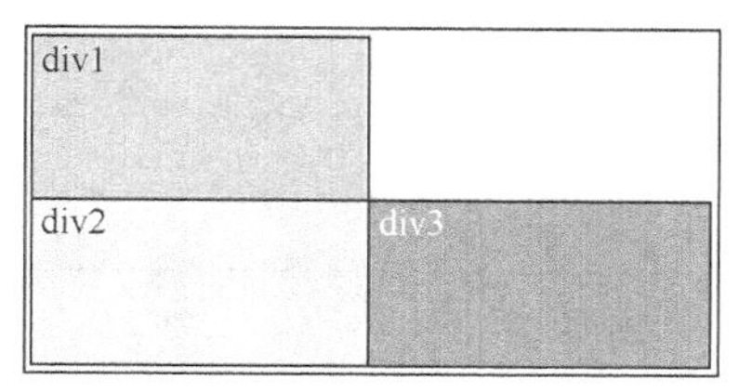

图 3-39　脱离文档流的效果

综上可知，脱离文档流就是指标签不在原来的位置。在 CSS 布局中，可以通过浮动和定位来使标签脱离文档流。下面先来介绍浮动。

1. 浮动的原理

通过使用 float（浮动）属性，标签可以脱离原来正常的文档流“漂浮”起来。也就是说没有浮动属性的标签会按照标准文档流依次显示，脱离了文档流的浮动标签就不受文档流的限制，漂浮于正常标签之上。下面通过一个例子来理解。

如图 3-40 所示，文档中设有 4 个<div>标签，由于<div>是块级标签，所以即使每个<div>的宽度都没有填充一行，但其也会占据一行的空间。在图 3-40 中，4 个<div>标签都处于正常的文档流中。我们为<div2>设置左浮动效果，在浏览器中展示的效果如图 3-41 所示。我们会发现，<div2>设置浮动后会脱离文档流。文档流会认为<div1>标签的后一个流是<div3>，所以<div3>会占据<div2>的位置。由于<div2>变成了左浮动，因此，它会跟在上一个正常流标签的后面，即<div1>标签的后面。所以<div2>相当于浮动在<div3>之上，遮挡了一部分<div3>的内容。

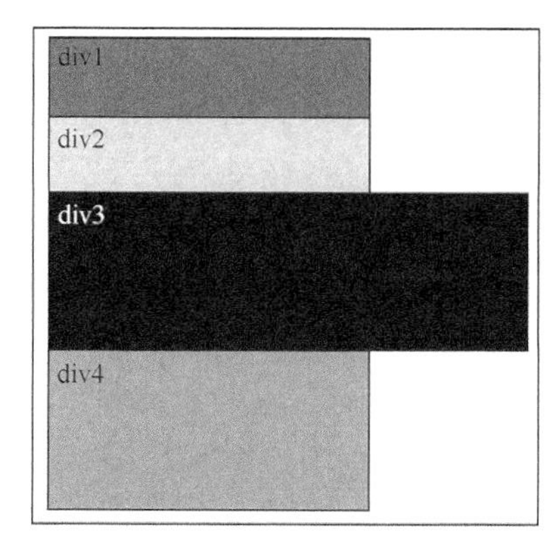

图 3-40　正常显示的<div>标签

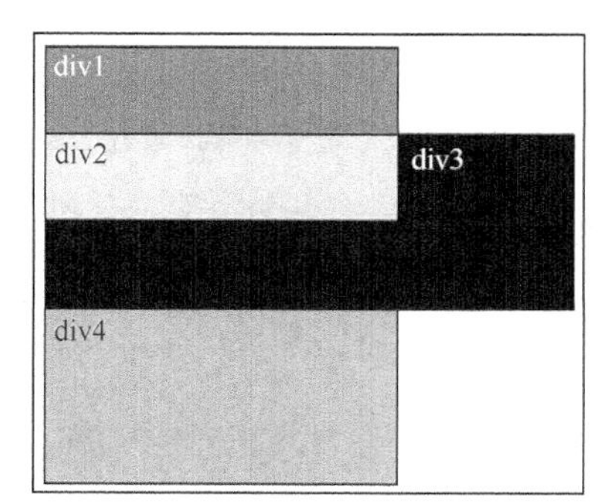

图 3-41　浮动的<div>效果

浮动可以让块级标签与其他标签并排显示在一行内，除非宽度超过一行的宽度，这就使浏览器的空间得以充分利用，可以在有限的界面内更加合理、清晰地展示网页内容。

2. 浮动的样式规则

使用 float 关键字设置浮动属性，属性值如表 3-15 所示。

表 3-15 属性值

值	作用
none	不浮动
left	左浮动
right	右浮动

示例代码如下。

```
{ float: left; }
```

以上代码中浮动的方式设置为左浮动。

3. 浮动的影响

浮动的影响有以下 3 个。

（1）浮动可以使布局更加灵活、页面的结构更加简洁和美观。如果不使用浮动，块级标签会占据一行，浪费较多的空间。浮动可以实现更加多样化的布局。

（2）浮动标签脱离文档流，会使得父级元素的高度出现塌缩，如果没有标签的支撑，会使得父级元素高度为零。

（3）浮动也会影响父级元素的兄弟元素的排版。

4. 清除浮动

由于浮动会对文字、父级元素及其兄弟元素的排版产生影响，因此需要清除浮动。清除浮动的方式主要有以下 4 种。

（1）利用 clear 属性

清除浮动效果可以使用 clear 属性。清除浮动包括清除左浮动、清除右浮动、左右浮动都清除，方法如下。

- clear:left；清除左浮动。
- clear:right；清除右浮动。
- clear:both；左右浮动都清除。

示例代码如下。

```
.textDiv {
 color: blue;
 border: 2px solid blue;
 clear: left;
}
```

（2）在父级元素的结束标签前插入清除浮动的块级标签

此种清除浮动的方法是在有浮动的父级元素的结尾处插入一个空的块级标签<div>，添加样式。代码如下。

```
<div style ="clear:both;">
</div>
```

（3）利用伪元素（clearfix）

该方法是指在父级元素的最后添加一个:after 伪元素。可以通过清除伪元素的浮动来支撑父级元素的高度，从而消除浮动的影响，示例代码如下。

```
.div1:after {
  content: "";
  height: 0;
  display: block;
  clear: both;
}
```

（4）利用 overflow

该方法将父级元素的 overflow 属性值设置为 auto，即 overflow: auto;。通过设置就可以撑起父级元素的高度，将浮动标签包裹在其中，示例代码如下。

```
.div1{
    overflow: auto;
}
```

只在父级元素上添加了一个值，父级元素的高度便立即被撑起，将浮动标签包裹在内。浮动看上去被清除了，即浮动不再影响后续标签的渲染（严格地讲，这和清除浮动毫无关系，因为不存在哪个标签的标签被清除，不必纠结于这个问题）。其实，这里的 overflow 值还可以是除 visible 外的任何有效值，它们都能达到撑起父级元素高度、清除浮动的目的。

3.3.3 需求分析

本案例包括上方导航栏、商品展示、商品列表等模块，各模块的功能如下。

1. 导航栏

导航栏的主要功能是实现跳转，通过上方列表跳转到对应的专题页面。

2. 商品展示

采用相同的格式展示商品的图片、价格等主要信息。

3. 商品列表

商品列表采用 4×3 的列表形式，需要使用浮动来实现。

3.3.4 案例实施

步骤 1：新建 HTML 页面。

新建 HTML 页面，标题设置为“商品列表”。代码如下。

```
<head>
  <meta charset="utf-8">
  <title>商品列表</title>
  <link rel="stylesheet" type="text/css" href="css/index.css" />
</head>
```

步骤 2：制作上方菜单导航栏。

采用“列表+浮动”的布局方式实现，代码如下。

```
<body>
 <!-- 页头 -->
 <div class="header">
         <div class="nav">
                 <ul class="container clear">
                         <li class="on">首页</li>
                         <li>百机时尚</li>
                         <li>美妆馆</li>
                         <li>超市</li>
                         <li>生鲜</li>
                         <li>服装</li>
                         <li>闪购</li>
                         <li>拍卖</li>
                         <li>金融</li>
                 </ul>
         </div>
 </div>
</body>
```

样式如下。

```
* {
  margin: 0;
  padding: 0;
}
ul,
ol {
  list-style: none;
}
.container {
  width: 1200px;
  margin: 0 auto;
}
/* 清除浮动 */
.clear::after {
  content: "";
  display: block;
  clear: both;
}
/* 页头 */
.header {
  border-bottom: 2px solid #E4393C;
}
.nav {
  margin-top: 20px;
}
.nav>ul {
```

```
  margin-bottom: -1px;
}
.nav>ul>li {
  float: left;
  padding: 12px 18px;
  font-weight: bold;
  font-size: 14px;
  /* 出现“手”图标 */
  cursor: pointer;
}
.nav>ul>li:hover {
  background-color: #E4393C;
  color: #fff;
}
.nav>ul>li.on {
  background-color: #E4393C;
  color: #fff;
}
```

步骤 3：制作商品列表。

采用“列表+浮动布局+样式设置”的方式制作列表，代码如下。

```
<div class="container">
  <!-- 商品列表 -->
  <ul class="shop-list">
        <li class="list-item">
              <img src="image/s1.jpg" />
              <div class="shop-intr">
                    <p class="shop-host">热卖</p>
                    <h3 class="shop-price">￥105</h3>
                    <p class="shop-dis">￥175</>
              </div>
              <p>【明星推荐】秋条纹丝质雪纺衬衣蕾丝刺绣女上衣</p>
        </li>
        <li class="list-item">
              <img src="image/s2.jpg" />
              <div class="shop-intr">
                    <p class="shop-host">优惠</p>
                    <h3 class="shop-price">￥105</h3>
                    <p class="shop-dis">￥175</>
              </div>
              <p>新款圆领小 v 单边波浪边光滑垂顺时尚都市男生长袖衬衫</p>
        </li>
        <li class="list-item">
              <img src="image/s3.jpg" />
              <div class="shop-intr">
                    <p class="shop-host">热卖</p>
                    <h3 class="shop-price">￥165</h3>
                    <p class="shop-dis">￥285</>
```

```
            </div>
            <p>琉璃时光水漾唇釉滋润显色口红女唇蜜唇彩持久</p>
        </li>
    <li class="list-item">
            <img src="image/s4.jpg" />
            <div class="shop-intr">
                <p class="shop-host">特价</p>
                <h3 class="shop-price">￥95</h3>
                <p class="shop-dis">￥199</>
            </div>
            <p>鲜颜焕亮气垫 bb 霜 15g 隔离遮瑕保湿粉底液底妆护肤品</p>
        </li>
        <li class="list-item">
            <img src="image/s5.jpg" />
            <div class="shop-intr">
                <p class="shop-host">特价</p>
                <h3 class="shop-price">￥65</h3>
                <p class="shop-dis">￥105</>
            </div>
            <p>【明星推荐】秋条纹丝质雪纺衬衣蕾丝刺绣女上衣</p>
        </li>
        <li class="list-item">
            <img src="image/s6.jpg" />
            <div class="shop-intr">
                <p class="shop-host">热卖</p>
                <h3 class="shop-price">￥105</h3>
                <p class="shop-dis">￥175</>
            </div>
            <p>【明星推荐】秋条纹丝质雪纺衬衣蕾丝刺绣女上衣</p>
        </li>
        <li class="list-item">
            <img src="image/s7.jpg" />
            <div class="shop-intr">
                <p class="shop-host">热卖</p>
                <h3 class="shop-price">￥105</h3>
                <p class="shop-dis">￥175</>
            </div>
            <p>新款圆领小 v 单边波浪边光滑垂顺时尚都市女式套头长袖衬衫</p>
        </li>

        <li class="list-item">
            <img src="image/s1.jpg">
            <div class="shop-intr">
                <p class="shop-host">热卖</p>
                <h3 class="shop-price">￥105</h3>
                <p class="shop-dis">￥175</>
            </div>
            <p>【明星推荐】秋条纹丝质雪纺衬衣蕾丝刺绣女上衣</p>
```

```
        </li>
        <li class="clear-float"></li>
  </ul>
</div>
```

样式如下。

```
/* 商品列表 */
.shop-list {
  width: 100%;
  margin-top: 30px;
  margin-bottom: 100px;
}

.shop-list .list-item{
  width: 255px;
  height: 335px;
  padding: 10px;
  margin: 10px;
  float: left;
  border: 1px solid #cfcfcf;
  border-radius: 5px;
}
.shop-list .list-item:hover{
  box-shadow: 0px 0px 5px #2291F7;
}
/* 清除浮动 */
.clear-float{
  clear: both;
}
.list-item>img{
  width: 100%;
  height: 260px;
}
.shop-intr{
  width: 100%;
  height: 25px;
  margin-top: 5px;
}
.shop-host{
  float: left;
  background-color: #fc64d4;
  color: #fff;
  font-size: 12px;
  padding: 2px 8px;
  border-radius: 15px;
  margin-top: 2px;
}
.shop-price{
```

```
    float: left;
    margin-left: 5px;
  }
  .shop-dis{
    float: left;
    text-decoration: line-through;
    color: #adadad;
    font-size: 14px;
    margin-left: 10px;
    margin-top: 5px;
  }
  .list-item>p{
    font-size: 13px;
    color: #888888;
    margin-top: 18px;
    /* 超出内容显示为省略号 */
    overflow: hidden;
    text-overflow:ellipsis;
    white-space: nowrap;
  }
```

任务 4　常见网站侧边导航栏的制作

3.4.1　案例描述

在侧边导航栏将导航条放置于页面的边缘，可以帮助用户快速地定位目标频道，不但节约了用户查看页面的时间，而且优化了用户的体验。

侧边导航栏制作需要通过“列表标签+定位”的方式实现，侧边导航效果如图 3-42 所示。

图 3-42　侧边导航栏效果

3.4.2 知识储备

定位指把元素放置在指定位置上，从而完成界面设计。定位分为静态定位、相对定位、绝对定位和固定定位。

我们可以使用 position 属性设置定位方式，偏移的位置通过距离上、下、左、右的边界进行计算。

1. 静态定位

静态定位指元素保留在原始的位置，不被重新定位，默认的 position 属性为 static。静态定位意味着元素没有指定 position 属性。

基本格式如下。

```
position:static;
```

2. 相对定位

相对定位是指元素的位置发生改变时以它自身原来的位置作为参考。相对定位的元素不脱离文档流，以自己当前的位置为基准进行偏移。偏移方向分为左（left）、右（right）、上（top）、下（bottom）。

基本格式如下。

```
position:relative;
```

图 3-43 所示是正常文档流的 6 个<div>标签，它们依次显示在浏览器中。现在我们对<div2>和<div5>设置相对定位。

样式如下。

```
.blue {
  background-color: blue;
  width: 150px;
  position: relative;
  left: 20px;
  top: 30px;
}
.orange {
  background-color: orange;
  position: relative;
  left: 100px;
  bottom: 20px;
}
```

在上面的代码中使用了相对位置，<div2>相对原始位置左移了 20px，相对原始位置上移 30px。<div5>相对原位置左移 100px，相对原始位置下移 20px。效果如图 3-44 所示。

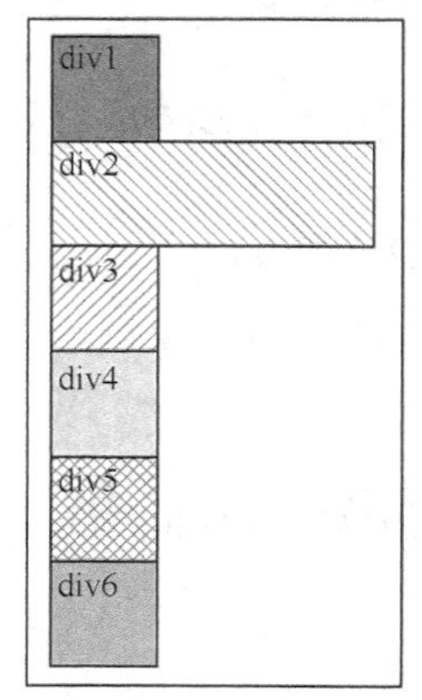

图 3-43　正常显示的<div>标签

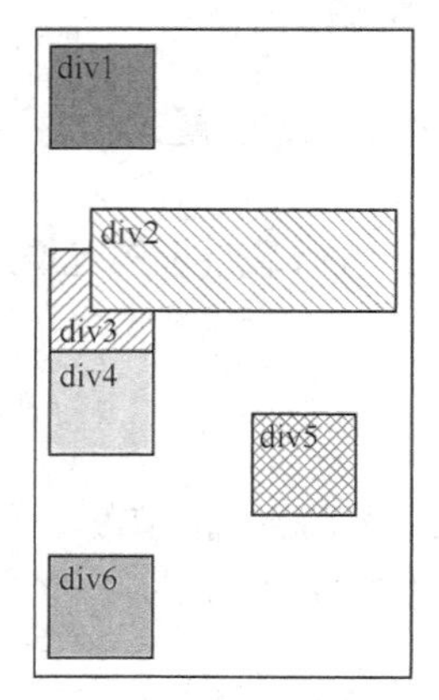

图 3-44　设置相对位置的效果

3. 绝对定位

绝对定位指元素脱离正常的文档流，偏移的位置以父级元素作为参考，在没有父级元素的情况下以浏览器的位置作为参考。

基本格式如下。

```
position:absolute;
```

在上述案例中，对<div2>和<div5>设置绝对定位，样式如下。

```
.blue {
  background-color: blue;
  width: 150px;
  position: absolute;
  left: 20px;
  top: 30px;
}
.orange {
  background-color: orange;
  position: absolute;
  left: 100px;
  top: 300px;
}
```

<div2>相对于浏览器的左边偏移 20px，相对于浏览器的上边偏移 30px。<div5>相对于浏览器的左边偏移 100px，相对于浏览器的上边偏移 300px。效果如图 3-45 所示。

因为<div2>和<div5>使用了绝对定位，所以脱离了文档流，只有<div1>、<div3>、<div4>、<div6>处于正常的文档流中，并依次排列。由于<div2>和<div5>没有父级元素，因此以浏览器作为参考进行偏移。

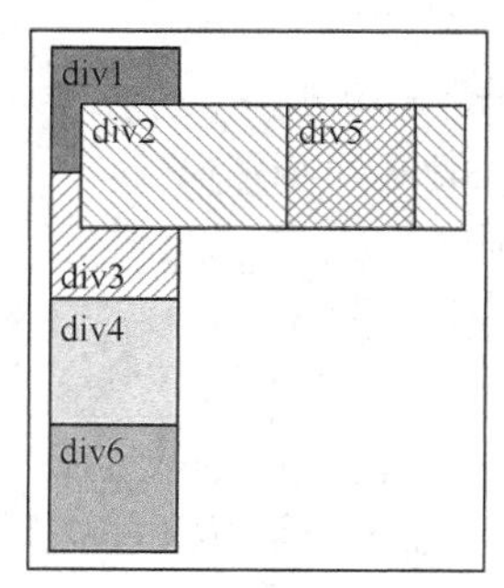

图 3-45　绝对定位效果

4. 固定定位

固定定位指元素的位置不发生改变，以浏览器窗口作为参考，固定定位的元素的坐标不发生改变，也不会随着浏览器的滚动而滚动。常见的应用有浏览器右下角的弹窗广告（固定出现在浏览器右下角）、App 的底部导航栏等。

基本格式如下。

```
position:fixed;
```

3.4.3 需求分析

本案例主要包括导航背景图片、左侧导航菜单、右侧模块展示等模块，各个模块的功能如下。

1. 导航背景图片

设置图片显示方式，默认导航栏显示背景图片。

2. 左侧导航菜单

当鼠标光标悬浮在左侧导航菜单位置时，当前的背景和字体颜色会改变；当鼠标光标移出左侧导航菜单时，将恢复默认样式。

3. 右侧模块展示

隐藏右侧模块，默认展示左侧第一个菜单对应的右侧模块。使用绝对定位设置右侧模块样式，设置“top:0”，设置“left”值为左侧菜单的宽度，当鼠标光标悬浮在左侧菜单位置时，显示右侧对应的模块。

3.4.4 案例实施

步骤 1：新建 HTML 页面。

新建 HTML 页面，将页面标题设置为“侧边导航”，同时设置背景颜色，代码如下。

```
<head>
  <meta charset="utf-8">
  <title>侧边导航</title>
  <link rel="stylesheet" type="text/css" href="./css/index.css" />
</head>
```

样式如下。

```
* {
  margin: 0;
  padding: 0;
}
body {
  background-color: #efefef;
  height: 900px;
}
```

步骤 2：引入导航图片，代码如下。

```
<body>
  <div class="nav-left">
        <img src="./img/nav.jpg" class="nav_img" />
  </div>
</body>
```

样式如下。

```
.nav-left {
  width: 1000px;
  height: 350px;
  background-color: paleturquoise;
  margin: 50px auto;
  position: relative;
}
.nav-img {
  width: 770px;
  height: 350px;
  position: absolute;
  left: 230px;
  top: 0;
}
```

步骤 3：设置默认情况下的菜单栏，代码如下。

```
<body>
  <div class="nav-left">
        <img src="./img/nav.jpg" class="nav_img" />
        <ul>
              <li>
                    <a href="#">女装</a>
              </li>
              <li>
              </li>
              <li>
                    <a href="#">彩妆</a>
              </li>
              <li>
                    <a href="#">户外运动</a>
              </li>
              <li>
                    <a href="#">家电数码</a>
              </li>
              <li>
                    <a href="#">手表配饰</a>
              </li>
```

```
            <li>
                <a href="#">居家用品</a>
            </li>
        </ul>
    </div>
</body>
```

样式如下。

```
ul {
  list-style: none;
}
a {
  text-decoration: none;
}
```

步骤 4：设置鼠标光标经过时显示二级菜单及其效果，代码如下。

```
<body>
<body>
  <div class="nav-left">
        <img src="./img/nav.jpg" class="nav-img" />
        <ul>
            <li><a href="#">女装</a>
                <ul class="nav-menu">
                    <li class="aside-menu">
                        <div class="aside-content">
                            <h5>人气美衣  ></h5>
                            <span>防晒衣 </span>
                            <span>短裤</span>
                            <span>牛仔裤</span>
                            <span>妈·妈装</span>
                            <span>大码女装</span>
                            <span>外套</span>
                        </div>
                        <div class="aside-content">
                            <h5>美裙衣橱  ></h5>
                            <span>连衣裙 </span>
                            <span>半身裙</span>
                            <span>套装裙</span>
                            <span>修身美裙</span>
                            <span>白色连衣裙</span>
                        </div>
                        <div class="aside-content">
                            <h5>百搭上衣 ></h5>
                            <span>毛衣</span>
                            <span>羊绒/羊毛衫</span>
```

```
                        <span>针织衫</span>
                        <span>衬衫</span>
                        <span>T 恤</span>
                        <span>风衣</span>
                    </div>
                    <div class="aside-content">
                        <h5>外套        ></h5>
                        <span>棉衣</span>
                        <span>马甲</span>
                        <span>西装外套</span>
                        <span>羽绒服</span>
                        <span>毛呢外套 </span>
                        <span>针织外套</span>
                    </div>
                    <div class="aside-content">
                        <h5>特色服饰  ></h5>
                        <span>中/老年女装</span>
                        <span>大码女装</span>
                        <span>商场同款</span>
                        <span>设计师</span>
                        <span>民族风 </span>
                        <span>礼服</span>
                    </div>
                </li>
            </ul>
        </li>
        …
    </ul>
  </div>
</body>
```

样式如下。

```
.nav-left>ul{
  width: 230px;
  height: 350px;
  background-color: #ff00d9;
  position: relative;
}
.nav-left>ul>li{
  height: 45px;
  width: 230px;

}
.nav-left>ul>li>a{
  display: block;
```

```
  padding-left: 40px;
  line-height: 45px;
  color: #fff;
}
.nav-left>ul>li:hover a{
  background-color: #fff;
  color: #ff00d9;
}
.nav-left>ul>li>ul{
  width: 500px;
  height: 350px;
  background-color: #fff;
  position: absolute;
  top: 0;
  left: 230px;
  display: none;
}
.nav-left>ul>li:hover .aside-menu{
  display: block;
}
.nav-left>ul>li>ul>li{
  width: 450px;
  height: 100px;
  line-height: 40px;
  padding: 0 20px;
}
.aside-content>h5{
  display: inline-block;
}
.aside-content>span{
  font-size: 12px;
  margin-left: 15px;
  color: #666;
  cursor: pointer;
}
.aside-content>span:hover{
  color: #ff00d9;
}
```

任务 5　项目实战——商城首页制作

3.5.1　案例描述

通过本项目实战实现商城首页的制作。商城首页需要给用户提供注册和登录等入口，商城的导航采用侧边导航的形式，使用列表实现商品的排列展示，页面的最下方是购物指南、配送方式、支付方式、售后链接。

商城首页效果如图 3-46 所示。

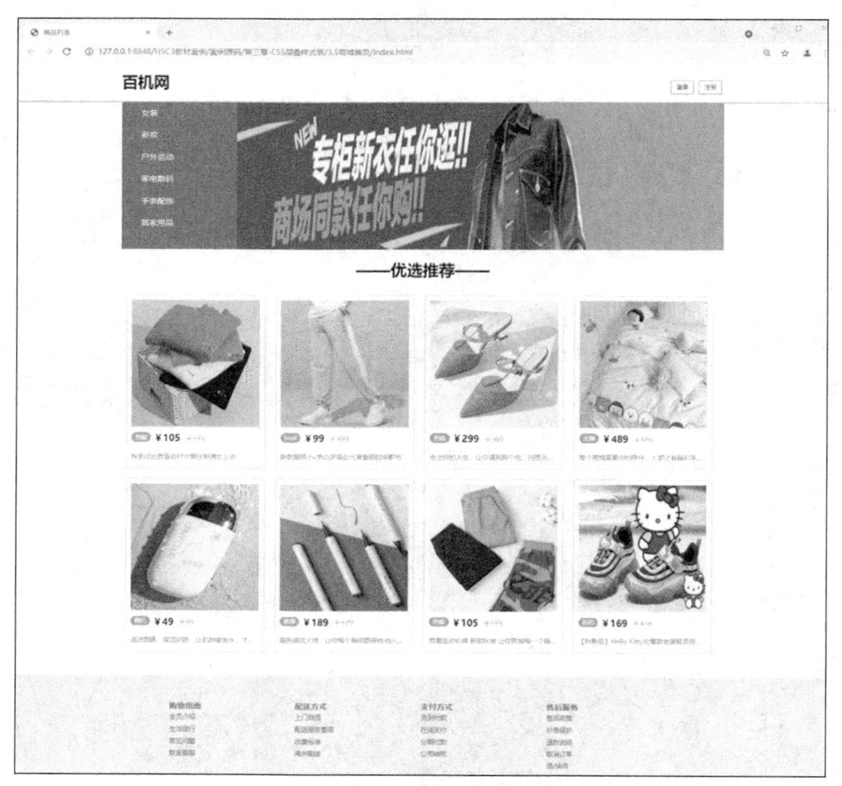

图 3-46　商城首页效果

3.5.2　需求分析

商城首页的制作包括 4 个部分：网站名称和登录、注册模块；侧边导航模块；商品列表模块；底部导航模块。各模块功能如下。

1. 网站名称和登录、注册模块

商城首页左侧展示网站名称，右侧显示登录、注册链接。该模块需要使用浮动效果来进行布局，并且对文字设置对应的 CSS 样式。

2. 侧边导航模块

如果用户移动鼠标，将光标悬浮在导航位置，则导航位置的当前背景颜色变为白色，字体颜色变为彩色，如果光标移出导航位置，则恢复为当前样式。

隐藏右侧模块，默认展示左侧第一个菜单对应的右侧模块。使用绝对定位设置右侧模块样式，设置“top:0”，设置“left”值为左侧菜单的宽度，当鼠标光标悬浮在左侧菜单位置时，显示右侧对应的模块。

3. 商品列表模块

展示商品的图片、商品价格、商品描述等，并对商品进行 3×4 布局展示。使用列表+浮动布局的方式实现，同时对图片和文字设置对应的效果。

4. 底部导航模块

底部导航模块位于商城首页的底部，方便用户进行页面跳转。可以使用表格来实现，也可以使用列表项+布局的方式实现。

3.5.3 案例实施

步骤 1：创建商城首页页面。

新建 HTML 页面，将页面标题更改为“商城首页”，代码如下。

```
<head>
 <meta charset="utf-8">
 <title>商城首页</title>
 <link rel="stylesheet" type="text/css" href="css/index.css" />
</head>
```

样式如下。

```
*{
 margin: 0;
 padding: 0;
}
```

步骤 2：制作网页名称和登录、注册模块，代码如下。

```
<div class="header">
 <div class="container clear">
        <h1>百机网</h1>
        <p>
               <a href="">登录</a>
               <a href="">注册</a>
        </p>
 </div>
</div>
```

样式如下。

```
/* 页头 */
.header {
 border-bottom: 2px solid #E4393C;
}
.header>div:nth-child(1) {
 height: 80px;
}
.header>div:nth-child(1)>h1 {
 line-height: 80px;
```

```
    float: left;
  }
  .header>div:nth-child(1)>p {
    float: right;
  }
  .header>div:nth-child(1)>p>a {
    float: left;
    text-decoration: none;
    color: #333;
    font-size: 12px;
    border: 1px solid #e4393c;
    padding: 5px 10px;
    margin: 35px 5px 0;
  }
```

步骤 3：制作侧边导航模块，代码如下。

```
<div class="nav-left">
  <ul>
        <li> <a href="#">女装</a></li>
        <li> <a href="#">彩妆</a></li>
        <li> <a href="#">户外运动</a></li>
        <li> <a href="#">家电数码</a></li>
        <li> <a href="#">居家用品</a></li>
  </ul>
</div>
```

样式如下。

```
ul,
ol {
  list-style: none;
}
a {
  text-decoration: none;
}
.container {
  width: 1200px;
  margin: 0 auto;
}
/* 清除浮动 */
.clear::after {
  content: "";
  display: block;
  clear: both;
}
/* 侧边导航 */
```

```
.nav-left{
  width: 1200px;
  height: 300px;
  background-image: url(../image/b.jpg);
  background-size: 100% 100%;
  background-repeat: no-repeat;
  margin: auto;
  position: relative;
}
.nav-img{
  width: 770px;
  height: 300px;
  position: absolute;
  left: 230px;
  top: 0;
}

.nav-left>ul{
  width: 230px;
  height: 300px;
  background-color: #E4393C;
  position: relative;
}
.nav-left>ul>li{
  height: 45px;
  width: 230px;
}
.nav-left>ul>li>a{
  display: block;
  padding-left: 40px;
  line-height: 45px;
  color: #fff;
}
.nav-left>ul>li:hover a{
  background-color: #fff;
  color: #E4393C;
}
```

步骤 4：制作商品列表模块，代码如下。

```
<!-- 内容 -->
<div class="container main">
  <h1 align="center">——优选推荐——</h1>
  <!-- 商品列表 -->
  <ul class="shop-list">
```

```
<li class="list-item">
        <img src="image/p1.png" />
        <div class="shop-intr">
                <p class="shop-host">热卖</p>
                <h3 class="shop-price">￥105</h3>
                <p class="shop-dis">￥175</>
        </div>
        <p>秋条纹丝质雪纺衬衣蕾丝刺绣女上衣</p>
</li>
<li class="list-item">
        <img src="image/p2.png" />
        <div class="shop-intr">
                <p class="shop-host">host</p>
                <h3 class="shop-price">￥99</h3>
                <p class="shop-dis">￥199</>
        </div>
        <p>新款圆领小 v 单边波浪边光滑垂顺时尚都市男生长袖衬衫</p>
</li>
<li class="list-item">
        <img src="image/p3.png" />
        <div class="shop-intr">
                <p class="shop-host">热卖</p>
                <h3 class="shop-price">￥299</h3>
                <p class="shop-dis">￥369</>
        </div>
        <p>走出你的人生，让你遇到那个他，闪亮无极限，精彩不停步</p>
</li>
<li class="list-item">
        <img src="image/p4.png" />
        <div class="shop-intr">
                <p class="shop-host">大牌</p>
                <h3 class="shop-price">￥489</h3>
                <p class="shop-dis">￥599</>
        </div>
        <p>每个夜晚需要你的陪伴，入梦才有精彩序幕，好背心，你值得拥有</p>
</li>
<li class="list-item">
        <img src="image/p5.png" />
        <div class="shop-intr">
                <p class="shop-host">特价</p>
                <h3 class="shop-price">￥49</h3>
                <p class="shop-dis">￥99</>
        </div>
```

```
            <p>清洁面膜，保湿护肤，让肌肤喝饱水，才能焕发精彩瞬间</p>
        </li>
        <li class="list-item">
            <img src="image/p6.png" />
            <div class="shop-intr">
                <p class="shop-host">推荐</p>
                <h3 class="shop-price">￥189</h3>
                <p class="shop-dis">￥129</>
            </div>
            <p>眼色大师，让你每个瞬间都保持动人明眸，一个眨眼都是一个美丽的瞬间</p>
        </li>
        <li class="list-item">
            <img src="image/p7.png" />
            <div class="shop-intr">
                <p class="shop-host">热卖</p>
                <h3 class="shop-price">￥105</h3>
                <p class="shop-dis">￥175</>
            </div>
            <p>男童运动长裤 新款秋装 让你跨越每一个精彩瞬间</p>
        </li>

        <li class="list-item">
            <img src="image/p8.png">
            <div class="shop-intr">
                <p class="shop-host">折扣</p>
                <h3 class="shop-price">￥169</h3>
                <p class="shop-dis">￥438</>
            </div>
            <p>【秋新品】Hello Kitty 女童款老爹鞋亮丽个性运动鞋</p>
        </li>
        <li class="clear-float"></li>
    </ul>
</div>
```

样式如下。

```
.main>h1{
  margin: 20px 0px;
}
.shop-list {
  width: 100%;
}
.shop-list .list-item{
  width: 255px;
  height: 335px;
```

```
    padding: 10px;
    margin: 10px;
    float: left;
    border: 1px solid #cfcfcf;
    border-radius: 5px;
  }
  .shop-list .list-item:hover{
    box-shadow: 0px 0px 5px #2291F7;
  }
  .clear-float{
    clear: both;
  }
  .list-item>img{
    width: 100%;
    height: 260px;
  }
  .shop-intr{
    width: 100%;
    height: 25px;
    margin-top: 5px;
  }
  .shop-host{
    float: left;
    background-color: #fc64d4;
    color: #fff;
    font-size: 12px;
    padding: 2px 8px;
    border-radius: 15px;
    margin-top: 2px;
  }
  .shop-price{
    float: left;
    margin-left: 5px;
  }
  .shop-dis{
    float: left;
    text-decoration: line-through;
    color: #adadad;
    font-size: 14px;
    margin-left: 10px;
    margin-top: 5px;
  }
  .list-item>p{
```

```
  font-size: 13px;
  color: #888888;
  margin-top: 18px;
  overflow: hidden;
  text-overflow:ellipsis;
  white-space: nowrap;
}
```

步骤 5：制作底部导航模块，代码如下。

```
<!-- 页尾 -->
<div class="footer">
 <div class="footer-content">
        <dl>
              <dt>购物指南</dt>
              <dd>全员介绍</dd>
              <dd>生活旅行</dd>
              <dd>常见问题</dd>
              <dd>联系客服</dd>
        </dl>
        <dl>
              <dt>配送方式</dt>
              <dd>上门自提</dd>
              <dd>配送服务查询</dd>
              <dd>收费标准</dd>
              <dd>海外配送</dd>
        </dl>
        <dl>
              <dt>支付方式</dt>
              <dd>货到付款</dd>
              <dd>在线支付</dd>
              <dd>分期付款</dd>
              <dd>公司转账</dd>
        </dl>
        <dl>
              <dt>售后服务</dt>
              <dd>售后政策</dd>
              <dd>价格保护</dd>
              <dd>退款说明</dd>
              <dd>取消订单</dd>
              <dd>退/换货</dd>
        </dl>
 </div>
</div>
```

样式如下。

```
.footer{
  background-color: #eaeaea;
  margin-top: 40px;
  height: 200px;
}
.footer-content{
  width: 1000px;
  margin: auto;
}
.footer-content>dl{
  float: left;
  width: 250px;
  margin-top: 50px;
  color: #666;
}
.footer-content>dl>dt{
  font-weight: bold;

}
.footer-content>dl>dd{
  font-size: 13px;
  line-height: 25px;
}
```

小结

本项目首先介绍了 CSS 的基础语法、CSS 的分类与使用方法、CSS 选择器的使用方法，以及 CSS 基础样式规则；接着，对盒模型进行了详细的讲解，包括显示属性、边框、边距等内容；然后，对文档流、浮动的原理和影响及清除浮动的方法进行了介绍；最后，介绍了静态定位、相对定位、绝对定位和固定定位及其布局方式。

习题

1. 选择题

（1）当使用链接伪类选择器时，能够表示“已经访问过的链接改变”的是（　　）。

A. :link　　B. :visited　　C. :hover　　D. :active

（2）当使用组合选择器时，两个选择器之间必须用（　　）符号隔开，否则使用组合选择器无效。

A. ,　　B. :　　C. ;　　D. ‘

（3）margin:25px 50px;表示（　　）。

A. 距离左、右边的边距 25px，距离上、下边的边距 50px

B. 距离左、右边的边距 50px，距离上、下边的边距 25px
C. 距离左边的边距 25px，距离右边的边距 50px
D. 距离左边的边距 50px，距离右边的边距 25px

（4）border-style: dashed 表示（　　）。

A. 实线边框　　B. 虚线边框
C. 点线边框　　D. 双实线边框

（5）以下不属于 float 属性值的是（　　）。

A. left　　B. right　　C. none　　D. top

2. 填空题

（1）id 选择器的基本格式为（　　）。

（2）清除浮动效果使用属性（　　）。

（3）定位主要有（　　）、（　　）、（　　）。

项目4 HTML5构建网站

04

内容导学

本项目主要介绍视频和音频展示网、员工入职信息网、学校网站的构建。通过构建视频/音频展示网，读者能够了解视频、音频标签及语义化布局标签的用法；通过构建员工入职信息网，读者能了解<input>标签类型及<datalist>标签和相关属性；通过构建学校网站，读者可以了解 HTML5 新特性并对涉及的知识点进行综合运用。

学习目标

① 了解网站的布局结构。

② 掌握音频、视频标签及标签属性的使用方法。

③ 掌握语义化布局标签的用法。

④ 掌握<input>标签类型及<datalist>标签和属性的用法。

任务1　视频/音频展示网

4.1.1　案例描述

在视频和音频展示网界面上，使用 HTML5 标签展示视频和音频。整体结构分为标题、精选视频、精选音乐 3 个部分，使用视频和音频标签进行内容展示，如图 4-1 所示。

图 4-1　视频和音频展示网效果

4.1.2 知识储备

本节介绍HTML5的多媒体特性，在HTML5出现之前并没有将视频和音频嵌入页面的标准方式。在大多数情况下，多媒体内容都是通过第三方插件或集成在 Web 浏览器的应用程序置于页面中的。

通过第三方插件等实现的音/视频功能，代码复杂冗长。运用 HTML5 中新增的<video>标签和<audio>标签可以让网页的代码结构变得清晰简单。

到目前为止，很多浏览器支持 HTML5 中<video>和<audio>标签。各浏览器的支持版本如表 4-1 所示。

表 4-1　各浏览器的支持版本

浏览器	支持版本
IE	9.0 及以上版本
Firefox	3.5 及以上版本
Opera	10.5 及以上版本
Chrome	3.0 及以上版本
Safari	3.2 及以上版本
Edge	12 及以上版本

1. <audio>标签和标签属性

音频格式是指在计算机内播放或处理音频文件的类型。在 HTML5 中嵌入的音频格式主要包括 Vorbis、MP3、WAV 等，具体介绍如下。

（1）Vorbis：是类似于 ACC 的另一种开源的音频编码，是用于替代 MP3 的下一代音频压缩技术。

（2）MP3：动态影像专家压缩标准音频层面 3（Moving Picture Experts Group Audio Layer III，MP3），是一种音频压缩技术。它被设计用来大幅度降低音频数据量。

（3）WAV：是录音时用的标准的 Windows 文件格式，文件的扩展名为“.wav”，数据本身的格式为 PCM 或压缩格式，属于无损音乐格式的一种。

在 HTML5 中，<audio>标签用于定义播放音频文件的标准，它支持 3 种音频格式，分别为 Vorbis、MP3 和 WAV，其基本格式如下。

```
<audio src="音频文件路径" controls="controls">
浏览器不支持<audio>标签
</audio>
```

src 属性用于设置音频文件的路径，controls 属性用于为音频提供播放控件。同样在<audio>和</audio>标签之间也可以插入文本，插入文本是为了增强用户体验，如提示浏览器兼容问题。

值得一提的是，在<audio>标签中还可以添加其他属性来进一步优化音频的播放效果，具体如表 4-2 所示。

表 4-2　<audio>标签的属性

属性	值	描述
autoplay	autoplay	页面载入完成后自动播放音频
loop	loop	音频结束时重新播放

续表

属性	值	描述
preload	auto/meta/none	该属性规定是否预加载音频。 auto：页面加载后载入整个音频。 meta：页面加载后只载入元数据。 none：页面加载后不载入音频。 如果使用 autoplay 属性，则忽略 preload 属性
controls	controls	向用户展示音频控件（比如播放/暂停按钮）
muted	muted	音频输出为静音
src	url	规定音频文件的 url

2. <video>标签和标签属性

在网页中嵌入视频文件，首先要选择正确的视频文件格式，设置嵌入方式以及查看浏览器的支持情况。

视频格式包含视频编码、音频编码和容器格式。在 HTML5 中嵌入的视频格式主要包括 Ogg、MPEG 4、WebM 等，具体介绍如下。

（1）Ogg：指带有 Theora 视频编码和 Vorbis 音频编码的 Ogg 文件。

（2）MPEG 4：指带有 H.264 视频编码和 AAC 音频编码的 MPEG 4 文件。

（3）WebM：指带有 VP8 视频编码和 Vorbis 音频编码的 WebM 文件。

在 HTML5 中，<video>标签用于定义播放视频文件的标准，它支持 3 种视频格式，分别为 Ogg、WebM 和 MPEG 4，其基本格式如下。

```
<video src="视频文件路径" controls="controls">
浏览器不支持<video>标签
</video>
```

src 属性用于设置视频文件的路径，controls 属性用于为视频提供播放控件，这两个属性是<video>标签的基本属性。

值得一提的是，在<video>标签中还可以添加其他属性来进一步优化视频的播放效果，具体如表 4-3 所示。

表 4-3　<video>标签的属性

属性	值	描述
autoplay	autoplay	页面载入完成后自动播放视频。IE 8 及更早的 IE 版本不支持<video>标签
loop	loop	视频结束时重新播放
preload	auto/meta/none	该属性规定是否预加载视频。 auto：页面加载后载入整个视频。 meta：页面加载后只载入元数据。 none：页面加载后不载入视频。 如果使用 autoplay 属性，则忽略 preload 属性
src	url	要播放的视频的 url
controls	controls	该属性向用户展示控件，比如播放按钮
height/width	pixels	设置视频播放器的高度/宽度
muted	muted	规定视频输出应该被设置为静音

3. 语义化布局标签<header>、<footer>、<nav>、<section>、<aside>、<figure>和<figcaption>、<article>

语义是指对一个词或者句子含义的正确解释。很多 HTML 标签也具有语义的意义，即标签本身传达了关于标签所包含内容类型的一些信息。例如，当浏览器解析到<h1>和</h1>标签时，它将该标签解释为包含这一块内容的最重要的标题。<h1>标签的语义就是标识特定网页或部分最重要的标题。

（1）<header>标签

HTML5 中的<header>标签是一种具有引导和导航作用的结构标签，该标签可以包含所有放在页面头部的内容，其基本格式如下。

```
<header>
<h1>网页主题</h1>
 ...
</header>
```

（2）<footer>标签

<footer>标签用于定义一个页面或者区域的底部，它可以包含所有置于页面底部的内容。在 HTML5 出现之前，一般使用<div id="footer"></div>标签来定义页面底部，而现在 HTML5 的<footer>标签可以轻松定义页面底部。

（3）<nav>标签

<nav>标签用于定义导航链接，是 HTML5 新增的标签，该标签可以将具有导航性质的链接归纳在一个区域中，使页面元素的语义更加明确，示例代码如下。

```
<nav>
<ul>
 <li><a href="#">首页</a></li>
 <li><a href="#">公司概况</a></li>
 <li><a href="#">产品展示</a></li>
 <li><a href="#">联系我们</a></li>
</ul>
</nav>
```

（4）<section>标签

<section>标签用于对网站或应用程序中页面上的内容进行分块，一个<section>标签通常由内容和标题组成。在使用<section>标签时，需要注意以下 3 点。

① 不要将<section>标签用作设置样式的页面容器，因为那是<div>的特性。

② 若<article>标签、<aside>标签或<nav>标签更符合使用条件，则不要使用<section>标签。

③ 没有标题的内容区块不要使用<section>标签定义。

（5）<aside>标签

<aside>标签用来定义当前页面或文章的附属信息部分，它可以包含与当前页面或主要内容相关的引用、侧边栏、广告、导航条等其他类似的有别于主要内容的部分。

<aside>标签的用法主要分为两种：在<article>标签内作为主要内容的附属信息；在<article>标签外作为页面或站点全局的附属信息。

（6）<figure>和<figcaption>标签

<figure>标签用于定义独立的流内容（图像、图表、照片、代码等），一般指一个单独的单元。<figure>标签的内容应该与主内容相关，但如果删除该标签，也不会对文档流产生影响。<figcaption>标签用于为<figure>标签组添加标题，一个<figure>标签内最多允许使用一个

<figcaption>标签，该标签应该放在<figure>标签的第一个或最后一个子元素的位置。

（7）<article>标签

<article>标签代表文档、页面或者应用程序中与上下文不相关的独立部分，该标签经常被用于定义一篇日志、一条新闻或用户评论等。<article>标签通常使用多个<section>标签进行划分，一个页面中<article>标签可以出现多次。

4.1.3 需求分析

本案例视频和音频展示网界面主要包括标题、精选视频、精选音乐 3 个部分，各个模块功能如下。

1. 标题

设置网页标题，居中显示，布局合理，字体大小适中。

2. 精选视频

精选视频栏目分为 2 行 3 列，使用<video>标签实现视频播放，可以展示不同类型的视频，视频具备控制条，具有正常播放、暂停、调节音量、最大化等功能。

3. 精选音乐

精选音乐栏目显示 4 首歌曲，使用<audio>标签实现音频播放效果，可以展示不同类型的音频，音频具备控制条，具有正常播放、暂停、快进、调节音量、下载等功能。

4.1.4 案例实施

步骤 1：在项目目录下新建 index.html 文件，编写页面整体框架。

```
<!DOCTYPE html>
<html>
 <head>
       <meta charset="utf-8">
       <title>视频和音频展示网</title>
       <link rel="stylesheet" type="text/css" href="./css/style.css"/>
 </head>
 <body>
       <header>
             <h1 align="center">视频、歌曲展示区</h1>
       </header>
     …
 </body>
</html>
```

步骤 2：使用<video>标签编写精选视频栏目。

```
<section class="content">
 <h2>精选视频</h2>
 <!-- 视频以第一个为准，准备多种格式的视频，为浏览器的兼容处理做准备 -->
 <article class="video-list">
       <video width="320" height="240" controls>
```

```
            <source src="./img/video/water.mp4" type="video/mp4">
            <source src="./img/video/water.webm" type="video/webm">
            您的浏览器不支持 HTML5 video 标签。
        </video>
        <video width="320" height="240" controls>
            <source src="./img/video/hah.mp4" type="video/mp4">
            您的浏览器不支持 HTML5 video 标签。
        </video>
        <video width="320" height="240" controls>
            <source src="./img/video/cat.mp4" type="video/mp4">
            您的浏览器不支持 HTML5 video 标签。
        </video>
        <video width="320" height="240" controls>
            <source src="./img/video/bobby.mp4" type="video/mp4">
            您的浏览器不支持 HTML5 video 标签。
        </video>
        <video width="320" height="240" controls>
            <source src="./img/video/xcz.mp4" type="video/mp4">
            您的浏览器不支持 HTML5 video 标签。
        </video>
        <video width="320" height="240" controls>
            <source src="./img/video/vi.mp4" type="video/mp4">
            您的浏览器不支持 HTML5 video 标签。
        </video>
  </article>
  ...
</section>
```

步骤 3：使用<audio>标签编写精选音乐栏目。

```
<article class="content">
 <h2>精选音乐</h2>
 <!-- 视频以第一个为准，准备多种格式的视频，为浏览器的兼容处理做准备 -->
 <div class="video-list">
        <div class="video-item">
                <p>
                        <font size="4" color="red"><i>song:</i></font>
                </p>
                <audio controls="controls">
                        <source src="./img/audio/song.ogg" type="audio/ogg">
                        <source src="./img/audio/song.mp3" type="audio/mp3">
                        您的浏览器不支持该音频格式。
                </audio>
        </div>
        <div class="video-item">
                <p>
                        <font size="4" color="red"><i>乾州歌:</i></font>
                </p>
                <audio controls="controls">
                        <source src="./img/audio/qianzhou.mp3" type="audio/mpeg">
```

```
                    <embed height="100" width="100" src="./img/audio/qianzhou.mp3" />
                    您的浏览器不支持该音频格式。
                </audio>
            </div>
            <div class="video-item">
                <p>
                    <font size="4" color="red"><i>醉酒歌:</i></font>
                </p>
                <audio controls="controls">
                    <source src="/i/song.ogg" type="audio/ogg">
                    <source src="./img/audio/醉酒歌.mp3" type="audio/mpeg">
                    <embed height="100" width="100" src="./img/audio/醉酒歌.mp3" />
                    您的浏览器不支持该音频格式。
                </audio>
            </div>
            <div class="video-item">
                <p>
                    <font size="4" color="red"><i>YELLOW:</i></font>
                </p>
                <audio controls="controls">
                    <source src="/i/song.ogg" type="audio/ogg">
                    <source src="./img/video/Moo-tracker.mp3" type="audio/mpeg">
                    <embed height="100" width="100" src="./img/video/Moo-tracker.mp3" />
                    您的浏览器不支持该音频格式。
                </audio>
            </div>
    </div>
</article>
```

步骤 4：编写播放器样式 style.css。

```
*{
  padding: 0;
  margin: 0;
}
header>h1{
  line-height: 80px;
}
.content{
  width: 1000px;
  margin: 20px auto 50px;
}
.content>h2{
  border-left: 4px solid #e73c31d9;
  text-indent: .6em;
  line-height: 40px;
}
.video-list{
  width: 100%;
  overflow: hidden;
```

```
}
.video-item{
  width: 100%;
  height: 70px;
}
.video-item>p{
  width: 100px;
  float: left;
  line-height: 50px;
}
.video-item>audio{
  width: 80%;
  float: left;
}
```

步骤 5：查看 index.html 文件运行效果。

任务 2　员工入职信息录入

4.2.1　案例描述

员工入职信息表界面展示了员工的账户、个人信息、地址、公共信息、邮件模块。在这里，需要构建 form 表单整体结构，使用<input>和<datalist>标签进行内容展示，使界面具备信息输入、单选项、多选项、下拉列表、文件上传等功能，让用户能使用按钮提交和重置数据。效果如图 4-2 所示。

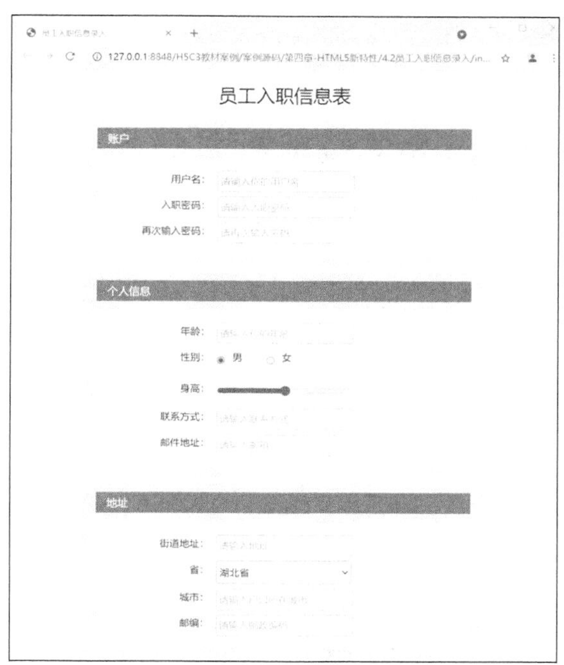

图 4-2　员工入职信息表效果

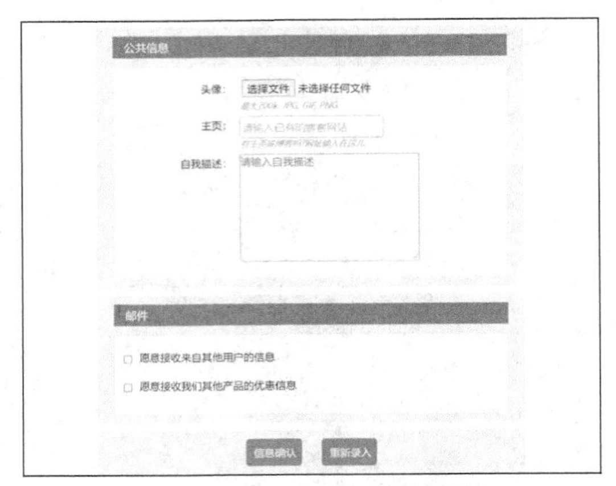

图 4-2　员工入职信息表效果（续）

4.2.2　知识储备

表单在网页中主要用于数据采集。一个表单有 3 个基本组成部分。

表单标签：包含了处理表单数据所用 CGI 程序的 URL 以及提交数据到服务器的方法。

表单域：包含了文本框、密码框、隐藏域、多行文本框、复选框、单选框、下拉选择框和文件上传框等。

表单按钮：包含了提交按钮、复位按钮和一般按钮，它们的功能是将数据传送到服务器上或者取消输入，它们还可以控制其他定义了处理脚本的处理工作。

1. <input>标签新增类型（email、Date Pickers、range、tel、number 等）

<input>标签用于收集用户信息。

不同的 type 属性值，其输入字段具有不同的功能。输入字段可以是文本类型、复选框等，如图 4-3 所示。

```
<input type="类型" id="文本框 id" name="文本框名称"/>
```

图 4-3　<input>标签的不同 type 属性值

具体介绍如下。

（1）email

```
<input type="email" />
```

email 类型的<input>标签是一种专门用于输入 email 地址的文本输入框，用来验证 email 输入框中的内容是否符合 email 邮件地址格式，如果不符合，将给出相应的错误信息。

（2）Date Pickers

```
<input type= "date/month/week…" />
```

Date Pickers 类型的<input>标签指时间和日期类型，HTML5 中提供了多个可供选取日期和时间的输入类型，用于验证输入的日期，具体如表 4-4 所示。

表 4-4 Date Pickers 类型

时间和日期类型	说明
date	选取日、月、年
month	选取月、年
week	选取周和年
time	选取时间（小时和分钟）
datetime	选取时间、日、月、年（UTC 时间）
datetime-local	选取时间、日、月、年（本地时间）

（3）range

```
<input type="range" />
```

range 类型的<input>标签用于限制数值的输入范围，在网页中显示为滑动条。它的常用属性与 number 类型一样，通过 min 属性和 max 属性设置最小值与最大值，通过 step 属性指定每次滑动的步幅。

（4）tel

```
<input type="tel" />
```

tel 类型的<input>标签用于提供输入电话号码的文本框，由于电话号码的格式多样，很难实现一个通用的格式。因此，tel 类型通常会和 pattern 属性配合使用。

（5）number

```
<input type="number" />
```

number 类型的<input>标签用于提供输入数值的文本框。在提交表单时，系统会自动检查该输入框中的内容是否为数字。如果输入的内容不是数字或者输入的数字不在限定范围内，则系统会提示用户操作错误。

number 类型的输入框可以对输入的数字进行限制，规定允许的最大值和最小值、合法的数字间隔或默认值等。

（6）url

```
<input type="url"/>
```

url 类型的<input>标签用于提供输入 URL 地址的文本框。如果所输入的内容是 URL 地址格式的文本，则会提交数据到服务器；如果输入的值不符合 URL 地址格式，则不允许提交，并且会有提示信息。

（7）search

```
<input type="search"/>
```

search 类型的<input>标签是一种专门用于提供输入搜索关键字的文本框，它能自动记录一些字符，例如站点搜索或 Google 搜索。在用户输入内容后，其右侧会附带一个删除图标，单击这个图标可以快速清除内容。

（8）color

```
<input type="color"/>
```

color 类型的<input>标签用于创建颜色域，以十六进制记录用户选取的颜色值。

HTML5 中的<input>标签常用属性如下。

（1）placeholder

placeholder 属性用于向用户展示说明或者提示信息，一般以文字性说明为主，使用方法如下。

```
<input type="text" placeholder="说明内容"/>
```

（2）required

当用户在<input>标签中输入 required 属性时，表示将该项设置为必填项，对应的属性值为required，也可省略，使用方法如下。

```
<input type="text"required/>
```

（3）min 和 max

min 和 max 属性可以限制用户输入的数值在最小值和最大值之间，对于 min 和 max，既可以设置其中一个，也可以两个同时设置，对应的值为 number 类型，使用方法如下。

```
<input type="text"min="最小值" max="最大值"/>
```

（4）readonly 和 disabled

readonly 属性规定输入字段为只读（不能修改），对应的值为 readonly，可省略；disabled 属性规定输入字段是禁用的,该属性的元素不会被提交，对应的值为 disabled，可省略，使用方法如下。

```
<input type="text"  disabled="disabled"  readonly="readonly"/>
```

（5）step

step 表示用户输入值递增、递减的梯度，对应的值为 number 类型，默认值取决于标签的类型，一般用于 range 标签中，默认值为 1，使用方法如下。

```
<input type="text" step="梯度值"/>
```

2. <datalist>标签和属性

<datalist>标签定义选项列表，用于为<input>标签提供“自动完成”功能。用户能看到输入框中的一个下拉列表，其中的选项是预先定义好的，将作为用户的输入数据。

基本格式如下。

```
<input id="myCar" list="cars" />
<datalist id="cars">
 <option value="大众">
 <option value="宝马">
 <option value="奥迪">
</datalist>
```

4.2.3 需求分析

本案例员工入职信息表界面主要包括标题、账户、个人信息、地址、公共信息、邮件等模块，各个模块的功能如下。

1. 网页标题

设置网页标题居中显示，布局合理，字体大小适中。

2. 账户

账户模块主要包括用户名、入职密码、再次输入密码，以及对应的提示信息。

3. 个人信息

个人信息模块主要包括年龄、性别、身高、联系方式、邮件地址，通过不同的标签属性实现。

4. 地址

地址模块主要包括街道地址、省、城市、邮编。

5. 公共信息

公共信息模块主要包括头像、主页、自我描述。

6. 邮件

邮件模块主要包括两条复选信息，底部有“信息确认”“重新录入”两个按钮。

4.2.4 案例实施

步骤 1：在项目目录下新建 index.html 文件，编写页面结构。

```
<!DOCTYPE html>
<html lang="en">
 <head>
        <meta charset="utf-8" />
        <title>员工入职信息录入</title>
        <link href="./css/style.css" rel="stylesheet" type="text/css" />
 </head>
 <body>
        <div id="wrapper">
               <h1 align="center">员工入职信息表</h1>
               <form method="post" action="" enctype="multipart/form-data"></form>
        </div>
 </body>
</html>
```

步骤 2：编写表单中的账户区域。

```
<fieldset>
 <h2 class="account">账户</h2>
 <ul>
        <li>
               <label for="username">用户名：</label>
               <input type="text" id="username" name="username" class="medium" required placeholder= "
请输入你的用户名" />
        </li>
        <li>
               <label for="password">入职密码：</label>
               <input name="password" type="password" class="medium" id="password" placeholder="
请输入入职密码" />
        </li>
        <li>
               <label for="repassword">再次输入密码：</label>
               <input name="repassword" type="password" class="medium" id="repassword" placeholder=
"请再次输入密码" />
        </li>
```

```
    </ul>
</fieldset>
```

步骤 3：编写表单中的个人信息。

```
<fieldset>
 <h2 class="person-info">个人信息</h2>
 <ul>
        <li>
                <label for="age">年龄：</label>
                <input type="number" id="age" name="age" class="medium" required placeholder="请输入
你的年龄" />
        </li>
        <li>
                <label>性别：</label>
                <fieldset class="radios">
                        <ul>
                                <li>
                                        <input  type="radio"  id="gender-male"  name="gender"  value="male"
checked />
                                        <label for="gender-male">男</label>
                                </li>
                                <li>
                                        <input type="radio" id="gender-female" name="gender" value="female" />
                                        <label for="gender-female">女</label>
                                </li>
                        </ul>
                </fieldset>
        </li>
        <li>
                <label for="height">身高：</label>
                <input type="range" id="height" name="height" min="140" max="200" class="medium" />
        </li>
        <li>
                <label for="phone">联系方式：</label>
                <input type="tel" id="phone" name="tel" maxlength="11" class="medium" placeholder="请
输入联系方式" />
        </li>
        <li>
                <label for="email">邮件地址：</label>
                <input type="email" id="email" name="email" class="medium" placeholder="请输入邮箱" />
        </li>
 </ul>
</fieldset>
```

步骤 4：编写表单中的地址信息。

```
<fieldset>
 <h2 class="address">地址</h2>
 <ul>
        <li>
```

```
                <label for="street-address">街道地址：</label>
                <input type="text" id="street-address" placeholder="请输入地址" name="street-address"
class="large" />
            </li>
            <li>
                <label for="province">省：</label>
                <select name="province" class="medium province" id="province">
                    <option value="HB" selected>湖北省</option>
                    <option value="GD">广东省</option>
                    <option value="SC">四川省</option>
                </select>
            </li>
            <li>
                <label for="city">城市：</label>
                <input list="city" name="city" class="medium" placeholder="请输入户口所在城市">
                <datalist id="city">
                    <option value="西安">
                    <option value="咸阳">
                    <option value="成都">
                    <option value="重庆">
                    <option value="沈阳">
                </datalist>
            </li>
            <li>
                <label for="zip-code">邮编：</label>
                <input type="text" id="zip-code" name="zip-code" class="medium" placeholder="请输入邮
政编码" />
            </li>
        </ul>
    </fieldset>
```

步骤 5：编写表单中的公共信息。

```
    <fieldset>
      <h2 class="public-profile">公共信息</h2>
      <ul>
            <li>
                <label for="picture">头像：</label>
                <input type="file" id="picture" name="picture" />
                <p class="instructions">最大 700k. JPG, GIF, PNG.</p>
            </li>
            <li>
                <label for="web-site">主页：</label>
                <input type="url" id="web-site" name="web-site" class="large" placeholder="请输入已有的
博客网站" />
                <p class="instructions">有主页或博客吗?在这儿输入网址.</p>
            </li>
            <li>
                <label for="desc">自我描述：</label>
                <textarea id="desc" name="desc" rows="8" cols="50" placeholder="请输入自我描述
```

```
"></textarea>
        </li>
    </ul>
  </fieldset>
```

步骤6：编写表单中的邮件信息。

```
<fieldset>
  <h2 class="emails">邮件</h2>
  <ul class="checkboxes">
        <li>
            <input type="checkbox" id="email-msg" name="email-signup" value="user-emails" />
            <label for="email-msg">愿意接收来自其他用户的信息</label>
        </li>
        <li>
            <input type="checkbox" id="email-updates" name="email-signup" value="email-updates" />
            <label for="email-updates">愿意接收其他产品的优惠信息</label>
        </li>
  </ul>
</fieldset>
```

步骤7：编写表单中的“信息确认”按钮和“重新录入”按钮。

```
<fieldset class="btn_sub">
  <input type="submit" class="create-profile" value="信息确认" />
  <input type="reset" class="reset-profile" value="重新录入" />
</fieldset>
```

步骤8：编写员工入职信息表样式style.css。

```
* {
  margin: 0px;
  padding: 0px;
}
body {
  font-family: "微软雅黑";
  font-size: 14.7px;
}
.wrapper {
  width: 600px;
  margin: 0 auto;
}
h1 {
  font-weight: 500;
  font-size: 28px;
  margin-top: 20px;
  margin-bottom: 20px;
}
h2 {
  background-color: #dedede;
  border-bottom: 1px solid #d4d4d4;
  border-top: 1px solid #d4d4d4;
  color: #fff;
```

```
  font-size: 16px;
  margin: 12px;
  padding: 0.3em 1em;
  text-transform: uppercase;
  font-weight: 500;
  background-color: #717F88;
}
fieldset {
  background-color: #f1f1f1;
  border: none;
  margin-bottom: 12px;
  overflow: hidden;
  padding: 0 10px;
}
ul {
  background-color: #fff;
  border: 1px solid #eaeaea;
  list-style: none;
  margin: 12px;
  padding: 12px;
}
li {
  margin: 0.5em 0;
}
label {
  display: inline-block;
  padding: 3px 6px;
  text-align: right;
  width: 150px;
  vertical-align: top;
}
input, select, button {
  font: inherit;
}
input{
  height: 30px;
  border-radius: 5px;
  border: 1px solid #999;
  text-indent: 3px;
  outline: none;
}
.province{
  height: 35px;
  border-radius: 5px;
}
input[type=file]{
```

```
  border: none;
}
.small {
  width: 100px;

}
.medium {
  width: 200px;
}
.large {
  width: 200px;
}
textarea {
  font: inherit;
  width: 250px;
}
.instructions {
  font-size: 12px;
  padding-left: 167px;
  font-style: italic;
  color: #999;
}
.btn_sub{
  text-align: center;
}
input::-webkit-input-placeholder{
  color: #999;
  font-weight: 100;
}
.create-profile {
  background-color: #4caf50;
  border: none;
  cursor: pointer;
  color: #fff;
  margin: 12px;
  padding: 8px;
  height: 40px;
}
.reset-profile{
  background-color: #4caf50;
  border: none;
  cursor: pointer;
  color: #fff;
  margin: 12px;
  padding: 8px;
  height: 40px;
```

```
}
.radios {
  background: none;
  display: inline;
  margin: 0;
  padding: 0;
}
.radios ul {
  border: none;
  display: inline-block;
  list-style: none;
  margin: 0;
  padding: 0;
}
.radios li {
  margin: 0;
  display: inline-block;
}
.radios label {
  margin-right: 25px;
  width: auto;
}
.radios input {
  margin-top: 3px;
}
.checkboxes label {
  text-align: left;
  width: 475px;
}
button * {
  vertical-align: middle;
}
```

步骤 9：查看 index.html 文件运行效果。

任务 3　项目实战——学校网站

4.3.1　案例描述

学校网站展示学校的 logo、导航、视频、学校概况、学校写照、专业介绍、版权信息等。这里，需要构建学校网站的整体结构，使用相关控件和标签进行内容展示，使网站具有视频播放等功能，设计出合理的布局。

学校网站展示界面的效果如图 4-4 所示。

图 4-4　学校网站展示界面的效果

4.3.2　需求分析

学校网站展示界面主要包括网页头部，导航、图片展示、主体部分网页底部等模块，各个模块的功能如下。

1. 网页头部

在网页头部设置网页标题、搜索框、登录按钮，布局合理，字体大小适中。

2. 导航

导航模块主要包括首页、学校概况、专业设置、招生计划、新闻动态。

3. 图片展示

在图片展示模块，通过设计美观的图片来对学校进行展示。

4. 主体部分

主体部分包括学校视频、学校概况、学校写照、专业介绍。

5. 网页底部

网页底部包括学校的邮箱、地址、联系方式以及相关的版权信息。

4.3.3 案例实施

步骤 1：在项目目录下新建 index.html 文件，编写页面结构。

```
<!DOCTYPE html>
<html>
  <head>
        <meta charset="utf-8">
        <title>学校网站</title>
        <link rel="stylesheet" type="text/css" href="./css/style.css" />
  </head>
  <body>
</body>
</html>
```

步骤 2：编写学校网站展示界面的头部，包括标题、搜索框、登录按钮。

```
<header class="sch-top">
  <div class="sch-search">
        <div>
              <input type="search" name="" id="" value="" class="search-content" placeholder="请输入..." />
              <button class="seach">搜索</button>
        </div>
  </div>
  <div class="sch-title">
        <h1>学校网站</h1>
  </div>
  <div class="sch-user"><button type="button">登录</button></div>
</header>
```

步骤 3：编写学校网站展示界面的导航菜单，包括首页、学校概况、专业设置、招生计划、新闻动态等。

```
<nav class="sch-nav">
  <ul>
        <li class="active"><a href="#">首页</a></li>
```

```
            <li><a href="#">学校概况</a></li>
            <li><a href="#">专业设置</a></li>
            <li><a href="#">招生计划</a></li>
            <li><a href="#">新闻动态</a></li>
      </ul>
      <div class="banner">
            <img src="img/s1.jpg">
      </div>
   </nav>
```

步骤 4：编写学校网站展示界面的视频展示、学校概况。

```
   <section class="sch-desc">
      <article class="video-left">
            <video width="500" height="350" controls poster="./img/s3.jpg">
                  <source src="./img/school.mp4" type="video/mp4">
                  您的浏览器不支持 HTML5 video 标签。
            </video>
      </article>
      <article class="sch-intro-right">
            <h1>学校概况</h1>
            <p>
                  某职业技术学院是一所国有公办的全日制普通高等专科学校，始建于 1989 年 3 月。学校坐落在美丽富饶的太湖之滨，建筑面积 30 万平方米，总资产近 6 亿元。
            </p>
      </article>
   </section>
```

步骤 5：编写学校网站展示界面的学校写照风景图。

```
   <div class="clear"></div>
   <section class="sch-photo">
      <h1>学校写照</h1>
      <ul>
            <li>
                  <img src="./img/s01.jpg">
            </li>
            <li>
                  <img src="./img/s02.jpg">
            </li>
            <li>
                  <img src="./img/s03.jpg">
            </li>
            <li>
                  <img src="./img/s05.jpg">
            </li>
            <li>
                  <img src="./img/s09.jpg">
            </li>
            <li>
                  <img src="./img/s06.jpg">
```

```
        </li>
        <li>
            <img src="./img/s10.jpg">
        </li>
        <li>
            <img src="./img/s07.jpg">
        </li>
    </ul>
</section>
```

步骤 6：编写学校网站的专业介绍。

```
<div class="clear"></div>
<section class="major">
    <h1>专业介绍</h1>
    <ul>
        <li>
            <img src="./img/maj1.jpg">
            <p>数控加工</p>
        </li>
        <li>
            <img src="./img/maj2.jpg">
            <p>人工智能机器人</p>
        </li>
        <li>
            <img src="./img/maj3.jpg">
            <p>商务文秘</p>
        </li>
        <li>
            <img src="./img/maj4.jpg">
            <p>动漫设计与制作</p>
        </li>
    </ul>
</section>
```

步骤 7：编写学校网站展示界面的底部信息。

```
<div class="clear"></div>
<footer>
    <div class="foo-bottom">
        <h1>技术学院</h1>
        <ul>
            <li>联系地址：XX 省 XX 市 XX 县 XX 路 XX 号</li>
            <li>联系邮箱：xxx@xx.com</li>
            <li>联系电话：020-000000</li>
            <li>联系 QQ：258xx508</li>
        </ul>
    </div>
    <p>
        <a href="#">联系客服</a> |
        <a href="#">版权所有</a> |
```

```
            <a href="#"> ICP 备案</a> |
            <a href="#">招生咨询</a> |
            <a href="#">法律声明</a> |
            <a href="#">招生介绍</a>
    </p>
</footer>
```

步骤 8：编写学校网站展示界面的样式 style.css。

```
*{
    padding: 0;
    margin: 0;
}
ul{
    list-style: none;
}
a{
    text-decoration: none;
}
/* 头部样式 */
.sch-top {
    width: 1200px;
    height: 80px;
    line-height: 80px;
    margin: auto;
    position: relative;
}
.sch-search {
    width: 1000px;
    height: 100%;
    margin-left: 200px;
    margin-right: 200px;
}
.sch-search>div{
    margin-left: 20%;
}
.search-content{
    width: 240px;
    height: 40px;
    border: none;
    border: 1px solid #999;
    border-radius: 3px;
    outline: none;
    text-indent: 1em;
}
.search{
    width: 60px;
    height: 41px;
    background-color: #2291F7;
    text-align: center;
```

```
    line-height: 35px;
    font-size: 14px;
    color: #fff;
    border: none;
    border-top-right-radius: 3px;
    border-bottom-right-radius: 3px;
    margin-left: -10px;
    cursor: pointer;
}
.sch-title {
    width: 200px;
    height: 100%;
    color: #2291F7;
    text-align: center;
    /* background: red; */
    position: absolute;
    top: 0;
    left: 0;
}
.sch-user {
    width: 200px;
    height: 100%;
    text-align: center;
    position: absolute;
    top: 0;
    right: 0;
}
.sch-user>button{
    width: 60px;
    height: 35px;
    background-color: #fff;
    border: 1.5px solid #f9ce00;
    border-radius: 5px;
    cursor: pointer;
    outline: none;
}
/* 导航 */
.sch-nav{
    width: 100%;
    background-color: #2291F7;
    margin-top: 20px;
}
.sch-nav>ul{
    width: 1200px;
    height: 50px;
    line-height: 50px;
    margin: auto;
}
```

```
.sch-nav>ul>li{
    float: left;
    width: 150px;
    text-align: center;
}
.sch-nav>ul>li.active{
    background-color: #0a88dc;
}
.sch-nav>ul>li>a{
    display: block;
    color: #fff;
}
/* banner 图 */
.banner{
    width: 100%;
    height: 400px;
}
.banner>img{
    width: 100%;
    height: 400px;
}
/* 学校简介 */
.sch-desc{
    width: 1200px;
    height: 350px;
    margin: 20px auto;
}
.video-left{
    width: 500px;
    height: 350px;
    float: left;
}
.sch-intro-right{
    width: 580px;
    height: 350px;
    float: left;
    margin-left: 50px;
}
.sch-intro-right>h1{
    font-weight: 500;
    line-height: 60px;
    font-size: 24px;
}
.sch-intro-right>p{
    font-size: 14px;
    color: #666;
    line-height: 25px;
}
```

```
.clear{
    clear: both;
}
.sch-photo{
    width: 1200px;
    height: 500px;
    margin: 20px auto;
}
.sch-photo>h1{
    width: 150px;
    height: 45px;
    text-align: center;
    line-height: 45px;
    background-color: #0A88DC;
    color: #fff;
    border-radius: 5px;
    cursor: pointer;
    font-weight: normal;
    font-size: 18px;
    border: 1px solid #fff;
}
.sch-photo>h1:hover{
    border: 1px solid #0A88DC;
    background-color: #fff;
    color: #0A88DC;
}
.sch-photo>ul{
    width: 100%;
    height: 450px;
    margin-top: 20px;
}
.sch-photo>ul>li{
    width: 280px;
    height: 200px;
    float: left;
    margin: 10px;
}
.sch-photo>ul>li:hover{
    box-shadow: 0px 0px 5px #3A3A3A;
}
.sch-photo>ul>li>img{
    width: 280px;
    height: 200px;
    cursor: pointer;
}
.major{
    height: 350px;
    width: 1200px;
```

```
    margin: 20px auto;
}
.major>h1{
    font-size: 24px;
    font-weight: normal;
    line-height: 50px;
}
.major>ul{
    width: 100%;
    height: 350px;
}
.major>ul>li{
    width: 280px;
    height: 350px;
    float: left;
    text-align: center;
    margin: 10px;
}
.major>ul>li>img{
    width: 250px;
    height: 320px;
}

.major>ul>li>p{
    line-height: 30px;
    font-size: 15px;
    color: #666;
}
.major>ul>li>img:hover{
    box-shadow: 0px 0px 5px #0A88DC;
}
footer{
    width: 100%;
    height: 300px;
    margin: auto;
    overflow: hidden;
    margin-top: 20px;
    background-color: #3A3A3A;
}
.foo-bottom{
    width: 1000px;
    margin: 30px auto;
    overflow: hidden;
}
.foo-bottom>h1{
    line-height: 200px;
    color: #fff;
    float: left;
```

```
}
.foo-bottom>ul{
  width: 550px;
  line-height: 60px;
  float: right;
  color: #ccc;
  margin-top: 50px;
}
.foo-bottom>ul>li{
  float: right;
  width: 270px;
}
footer>p{
  text-align: center;
  font-size: 12px;
  color: #838383;
  line-height: 20px;
}
footer>p>a{
        color: #838383;
}
```

步骤 9：查看 index.html 文件运行效果。

小结

本项目通过案例详细介绍了 HTML5 中语义化标签、视频标签、音频标签、新增表单属性的用法，使读者能够更加深刻地理解网页的开发过程。此外，本项目通过一个综合案例实现了对知识点的综合运用。

习题

1．选择题

（1）<audio>标签不支持的音频格式是（　　）。

A. Vorbis　　B. MP3　　C. WAV　　D. CSV

（2）视频格式包含视频编码、音频编码和容器格式。在 HTML5 中嵌入的视频格式不包括（　　）。

A. ACC　　B. Ogg　　C. MPEG 4　　D. WebM

（3）以下哪个属性的作用是使音频输出为静音？（　　）

A. muted　　B. autoplay　　C. loop　　D. preload

（4）关于下面的 HTML 语句说法正确的是（　　）。

```
<input type="radio"  value="v1" checkedname="R1">
```

A. 该语句将产生一个单选框

B. 该语句产生的选项处于不被选中状态

C. 该<input>标签的 value 值一定存在，因为它对设置单选按钮的界面有影响

D. 该<input>标签的 name 属性可有可无，因为它对单选按钮的功能设计不产生任何影响

（5）常用的视频解码器有（　　）。（多选）

A. H.264　　B. Theora　　C. VP8　　D. WebM

2. 填空题

（1）（　　）属性的作用是载入页面后自动播放视频。IE 8 及更早的 IE 版本不支持<video>标签。

（2）<source>标签的 type 属性的值是（　　）。

（3）通过（　　）属性可以设置单元格之间的距离。

项目5
CSS3新特性

内容导学

本项目主要包括照片墙、旅游网首页、个人相册、暴怒的小猪、3D 相册环、艺展网站 6 个任务。通过介绍照片墙，帮助读者掌握背景样式、阴影、渐变色等知识点；通过介绍旅游网首页，帮助读者了解弹性布局、box-sizing 样式规则、媒体查询器知识；通过介绍个人相册，帮助读者了解变形样式规则、过渡样式规则的原理；通过介绍暴怒的小猪页面，帮助读者了解动画效果的原理；通过介绍 3D 相册环页面，帮助读者了解 transform-style 样式规则、perspective 样式规则相关知识；通过介绍艺展网站，读者可以综合运用 CSS3 新特性涉及的知识点。

学习目标

① 掌握背景图片样式、阴影、透明样式、渐变色的使用方法。
② 掌握弹性布局、box-sizing 样式、媒体查询器的使用方法。
③ 掌握 transform（变形）、transition（过渡）样式规则的用法。
④ 掌握@keyframe、animation 动画的用法。
⑤ 掌握transform-style样式规则、perspective样式规则相关知识。

任务1　照片墙

5.1.1　案例描述

在照片墙网站界面展示萌宠的介绍和照片，整体结构分为上、中、下 3 个部分，使用背景图片展示内容，使用相关标签实现边框圆角、盒子阴影、文本阴影、透明样式、背景图片颜色渐变，效果如图 5-1 所示。

图 5-1　照片墙网站界面

5.1.2　知识储备

本节介绍 CSS3 样式中的背景设置，主要包括背景图片、背景图片平铺方法及样式、背景的剪切及固定等，具体介绍如下。

1. 背景图片

background-image 属性可以将背景设置为图片，该属性能使图片在无调整的情况下直接插入网页中，根据图片实际大小会出现图片重复的现象或者滚动效果。

语法如下。

```
background-image:取值;
```

通过为 url 指定值来设定绝对路径或相对路径，从而指定网页的背景图像，例如 background-image:url（xxx.jpg），如果没有图像，其默认值是 none。

2. 背景图片平铺方法

background-repeat 属性可以设置背景图片的平铺，设置指定的平铺方式，语法如下。

```
background-repeat:取值;
```

其取值方式如表 5-1 所示。

表 5-1 background-repeat 属性取值

值	说明
repeat	背景图片平铺
repeat-x	图片横向平铺
repeat-y	图片纵向平铺
no-repeat	背景图片不平铺

background-repeat 的默认取值是 repeat。

3. 背景图片平铺样式

在 CSS3 中，可以使用 background-origin 属性来设置背景图片平铺的最开始位置，语法如下。

```
background-origin:属性值;
```

background-origin 属性取值如表 5-2 所示。

表 5-2 background-origin 属性取值

属性值	说明
border-box	表示背景图片从边框开始平铺
padding-box	表示背景图片从内边距开始平铺（默认值）
content-box	表示背景图片从内容区域开始平铺

边框、内边距、内容区域是 CSS3 盒模型的内容。在 CSS3 盒模型中，任何标签都可以被看作一个盒子。background-origin 属性可以控制背景图片平铺的开始位置。

4. 背景图片剪切

在 CSS3 中，可以使用 background-clip 属性将背景图片按照实际需要进行剪切。background-clip 属性指定可以在哪些区域显示背景，但与背景开始绘制的位置（background-origin 属性）无关，语法如下。

```
background-clip:属性值;
```

background-clip 属性取值如表 5-3 所示。

表 5-3 background-clip 属性取值

属性值	说明
border-box	默认值，表示从边框（border）开始剪切
padding-box	表示从内边距（padding）开始剪切
content-box	表示从内容区域（content）开始剪切

5. 指定背景图片是否固定

background-attachment 属性表示背景附加，可以设置指定的背景图片是跟随内容滚动，还是固定，语法如下。

```
background-attachment:属性值;
```

background-attachment 属性取值如表 5-4 所示。

表 5-4 background-attachment 属性取值

属性值	说明
scroll	背景图片跟随内容滚动
fixed	背景图片固定，即内容滚动而图像不动

6. 边框圆角

border-radius 属性表示边框 4 个角的弯曲程度。默认情况下 4 个角的角度均是 90°，当我们对弯曲度进行设置时，可以改变 4 个角的弯曲程度，在边框为正方形的情况下，最终弯曲为一个圆；在边框为长方形的情况下，最终弯曲为一个椭圆，语法如下。

```
border-radius:1-4 length|%/ 1~4 length|%;
```

"1～4" 指 radius 的 4 个值，"length" 和 "%" 是值的单位；在 "/" 前面，即第一个参数表示圆角的水平半径，在 "/" 后面，即第二个参数表示圆角的垂直半径。

按照顺序设置每个 radius 的 4 个值：bottom-left、bottom-right、top-left、top-right。如果省略 bottom-left，则与 top-right 相同；如果省略 bottom-right，则与 top-left 相同；如果省略 top-right，则与 top-left 相同。

7. 盒子阴影

box-shadow 属性可以为边框添加一个或多个阴影，语法如下。

```
box-shadow: h-shadow v-shadow blur spread color inset;
```

（1）h-shadow：必需，水平阴影的位置，允许为负值。

（2）v-shadow：必需，垂直阴影的位置，允许为负值。

（3）blur：可选，模糊的距离。

（4）spread：可选，阴影的尺寸。

（5）color：可选，阴影的颜色。

（6）inset：可选，将外部阴影（outset）改为内部阴影。

8. 文本阴影

text-shadow 属性可以为文本设置阴影，该属性是以逗号分隔的阴影列表，每个阴影有 2 个或 3 个长度值以及 1 个可选的颜色值，省略的长度是 0，语法如下。

```
text-shadow: h-shadow v-shadow blur color;
```

（1）h-shadow：必需，水平阴影的位置，允许为负值。

（2）v-shadow：必需，垂直阴影的位置，允许为负值。

（3）blur：可选，模糊的距离。

（4）color：可选，阴影的颜色。

9. 透明样式规则

opacity 属性用来设置元素的不透明级别，语法如下。

```
opacity: value | inherit;
```

（1）value：规定了不透明度，从 0.0（完全透明）到 1.0（完全不透明）。

（2）inherit：从父级元素继承 opacity 属性的值。

10. 背景图片颜色渐变（径向渐变&线性渐变）

（1）径向渐变

radial-gradient()函数用径向渐变创建图像。径向渐变由中心点定义。为了创建径向渐变，必须设置两个终止色，语法如下。

```
background-image: radial-gradient(
    shape extent at positionX positionY,
    colorStop positionStop,
    colorStop_2 positonStop_2,
    ...
);
```

① shape：确定径向渐变的边缘形状对应的值，如下。

ellipse（默认）：指定椭圆形的径向渐变。

circle：指定圆形的径向渐变。

② extent：定义渐变的边缘位置，即渐变的尺寸范围，对应的值如下。

farthest-corner（默认）：指定径向渐变的半径长度为从圆心到离圆心最远的角。

closest-side：指定径向渐变的半径长度为从圆心到离圆心最近的边。

closest-corner：指定径向渐变的半径长度为从圆心到离圆心最近的角。

farthest-side：指定径向渐变的半径长度为从圆心到离圆心最远的边。

③ at：该关键字不可更改，如果定义了 shape 或 extent，则 at 关键字必须存在。

④ positionX：定义渐变中心点相对于容器左上角 X 轴的位置。

⑤ positionY：定义渐变中心点相对于容器左上角 Y 轴的位置

⑥ colorStop：定义关键点的颜色。

⑦ positionStop：定义关键点的位置。

（2）线性渐变

linear-gradient()函数用于创建一个表示两种或多种颜色线性渐变的图片。

创建一个线性渐变需要指定两种颜色，还可以实现不同方向（指定为一个角度）的渐变效果，如果不指定方向，默认从上到下渐变，语法如下。

```
background-image: linear-gradient(direction,color-stop1,color-stop2,...);
```

① direction：用角度值指定渐变的方向（或角度）。

② color-stop1 和 color-stop2：用于指定渐变的起止颜色。

5.1.3 需求分析

本案例照片墙网站界面主要包括网页标题、网站介绍、各种背景图片，各个模块的功能如下。

1. 网页标题

设置网页标题，带有阴影，布局合理，字体大小适中。

2. 网站介绍

网站介绍模块主要包括背景图片、文字介绍。

3. 图片展示

该模块展示不同的动物图片，样式各异，当鼠标光标指向图片时会有高亮显示的效果。

5.1.4 案例实施

步骤 1：在项目目录下新建 index.html 文件，编写页面结构。

```
<!DOCTYPE html>
<html>
 <head>
      <meta charset="utf-8">
      <title>萌宠的照片墙</title>
      <link rel="stylesheet" type="text/css" href="./css/style.css" />
 </head>
 <body>
…
 </body>
</html>
```

步骤 2：编写照片墙网站界面的头部。

```
<h1>萌宠的照片墙</h1>
<div class="desc">
  <p>另外一只则是长着虎皮斑纹的小猫咪，一张童真的脸蛋，配着那双除了黑色瞳孔外嫩黄色的水汪汪的大眼睛很是漂亮</p>
  <p>我家养了一只小猫咪，名叫顽皮。顽皮长着一双棕色的眼睛，这双眼睛晚上会发出绿莹莹的光。它有一张灰褐色的嘴，嘴边向两旁竖起一些长长的胡须。</p>
  <p>这只花猫的全身是白底黑斑，远看像一团雪白的棉花点上了几滴墨汁。</p>
  <p>
</div>
```

步骤 3：编写照片墙网站的照片展示部分。

```
<div class="content">
 <div class="photo-wall">
      <div class="cat-photo"></div>
      <img src="img/p2.jpg">
      <img src="img/p3.jpg">
      <img src="img/p4.jpg">
      <img src="img/p5.jpg">
      <img src="img/p6.jpg">
      <img src="img/p7.jpg">
      <img src="img/p8.jpg">
      <img src="img/p9.jpg">
      <img src="img/p13.jpg">
 </div>
</div>
```

步骤 4：编写照片墙网站的样式 style.css。

```
*{
 padding: 0;
 margin: 0;
```

```
}
.content{
  width: 100%;
  top: 0;
  left: 0;
  background-image: linear-gradient(#e66465, #9198e5,#ccc);
  background-repeat: no-repeat;
  padding: 50px 0px;
}
.photo-wall {
  width: 1200px;
  overflow: hidden;
  margin: auto;
}
.cat-photo {
  width: 200px;
  height: 350px;
  float: left;
  background-image: url(../img/p1.jpg);
  background-repeat: no-repeat;
  background-position: 100% 100%;
  background-size: 100% 100%;
  border-radius: 10px;
}
h1 {
  text-align: center;
  line-height: 150px;
  color: #f00;
  text-shadow: 7px -4px 5px #5a5a5a;
}
.photo -wall>img {
  width: 200px;
  margin: 10px;
  border-radius: 15px;
  box-shadow: 0px 0px 10px #212121;
  cursor: pointer;
  opacity: 0.7;
}
.photo -wall>img:hover {
  opacity: 1;
}
.desc{
  width: 1200px;
  background-image: ;
  margin: auto;
  margin-bottom: 20px;
```

```
    background-image: url(../img/p2.jpg);
    background-repeat: no-repeat;
    background-size: 100% 100%;
    padding: 20px;
    background-attachment: fixed;
  }
  .desc>p{
    font-size: 18px;
    line-height: 35px;
    color: #fff;
  }
```

步骤 5：查看 index.html 文件运行效果。

任务 2　旅游网首页（响应式）

5.2.1　案例描述

旅游网首页在 PC 端和移动端有两种布局，PC 端界面上使用标签展示标题、导航、风景图片、公司案例、“脚步”指南等。移动端界面屏幕最大为 500px，主要展示标题、搜索框、公司案例、“脚步”指南、关于我们、企业方案、预定须知模块，整体结构为上、中、下 3 个部分，使用弹性布局和媒体查询器展示内容，效果如图 5-2 和图 5-3 所示。

图 5-2　PC 端旅游网效果

图 5-2　PC 端旅游网首页效果（续）

图 5-3　移动端旅游网首页效果

图 5-3　移动端旅游网首页效果（续）

5.2.2　知识储备

本节介绍 CSS3 中使用 box-sizing 样式规则、弹性盒子元素展示内容的方法。

1. 弹性布局和属性应用

弹性盒子是 CSS3 的一种新布局模式，当页面需要适应不同大小的屏幕以及不同类型的设备时，此种布局可以确保元素拥有恰当的行为。引入弹性盒子布局模型的目的是提供一种更加有效的方式来对一个容器中的子元素进行排列、对齐和分配空白空间。弹性盒子由弹性容器（flex container）和弹性项目（flex item）组成。

通过把 display 属性的值设置为 flex 或 inline-flex 来将其定义为弹性容器。弹性容器内包含一个或多个弹性子元素。

```
.flex-container {
display: -webkit-flex;
display: flex;
width: 400px;
height: 250px;
background-color: lightgrey;
}
.flex-item {
background-color: cornflowerblue;
width: 100px;
height: 100px;
}
```

通过 flex 布局的元素称为 flex 容器（flex container），简称“容器”。它的所有子元素自动成为容器成员，称为 flex 项目（flex item），简称“项目”。

设置在容器上的 6 个属性（flex-direction、flex-wrap、flex-flow、justify-content、align-items、align-content）分别有不同的作用。

（1）flex-direction 属性决定主轴的方向（项目的排列方向）。

```
.box {
  flex-direction: row | row-reverse | column | column-reverse;
}
```

① row：表示主轴水平。

② row-reverse：表示主轴水平、反向。

③ column：表示主轴垂直。

④ column-reverse：表示主轴垂直、反向。

（2）flex-wrap 属性规定 flex 容器是单行还是多行，同时横轴的方向决定了新行堆叠的方向。在默认情况下，项目都排在一条线（又称“轴线”）上。

```
.box{
  flex-wrap: nowrap | wrap | wrap-reverse;
}
```

- nowrap：不换行（默认）。
- wrap：换行，第一行在上方。

（3）flex-flow 属性是 flex-direction 属性和 flex-wrap 属性的复合属性，用于设置或检索弹性盒模型对象的子元素的排列方式。

```
.box{
  flex-flow: flex-direction flex-wrap | initial | inherit;
}
```

（4）justify-content 属性用于设置或检索弹性盒模型对象的子元素在主轴（横轴）方向上的对齐方式。

```
.box{
justify-content: flex-start | flex-end | center | space-between | space-around | initial | inherit;
}
```

① flex-start：默认值，表示项目位于容器的开头。

② flex-end：表示项目位于容器的结尾。

③ center：表示项目位于容器的中心。

④ space-between：表示项目位于各行之间留有空白的容器内。

⑤ space-around：表示项目位于各行之前、之间、之后都留有空白的容器内。

⑥ initial：表示设置该属性为它的默认值。

⑦ inherit：表示从父级元素继承该属性。

（5）align-items 属性定义 flex 子元素在 flex 容器的当前行的侧轴（纵轴）方向上的对齐方式。

```
.box{
align-items: stretch | center | flex-start | flex-end | baseline;
}
```

① stretch：默认值，元素被拉伸以适应容器。

② center：表示元素位于容器的中心。

③ flex-start：表示元素位于容器的开头。

④ flex-end：表示元素位于容器的结尾。

⑤ baseline：表示元素位于容器的基线上。

（6）align-content 属性定义多根轴线的对齐方式，如果项目只有一根轴线，则该属性不起作用。

```
.box{
align-content: stretch | center | flex-start | flex-end | space-between | space-around;
}
```

① stretch：默认值，元素被拉伸以适应容器。

② center：表示元素位于容器的中心。

③ flex-start：表示元素位于容器的开头。

④ flex-end：表示元素位于容器的结尾。

⑤ space-between：表示元素位于各行之间留有空白的容器内。

⑥ space-around：表示元素位于各行之前、之间、之后都留有空白的容器内。

2. box-sizing 样式规则

box-sizing 属性定义了计算一个元素的总宽度和总高度的方法，主要用于设置内边距（padding）和边框（border）等，语法格式如下。

```
box-sizing: content-box | border-box | inherit;
```

（1）content-box：默认值，如果设置一个元素的宽为 100px，那么这个元素的内容区的宽为 100px，并且任何边框和内边距的宽度都会被增加到最后绘制出来的元素的宽度中。

（2）border-box：要设置的边框和内边距的值是包含在 width 内的。例如，如果将一个元素的 width 设置为 100px，那么 100px 包含它的 border 和 padding，内容区的实际宽度是 width 减去"border + padding"的值。

（3）inherit：指定 box-sizing 属性的值应该从父级元素继承。

3. 媒体查询器（@media）

使用@media 查询器，可以针对不同的媒体类型定义不同的样式。

@media 可以针对不同的屏幕尺寸设置不同的样式，尤其在设计响应式的页面时，@media 会发挥关键作用，语法如下。

```
@mediamediatypeand | not | only(media feature){
 CSS-Code;
}
```

5.2.3 需求分析

本案例的旅游网界面主要包括网页头部、导航菜单、图片展示、主体部分、网页底部模块，各个模块的功能如下。

1. 网页头部

设置网页标题、搜索框，布局合理，字体大小适中。

2. 导航菜单

包含首页、公司包团游、周末一日游、国庆七日游、目的地、关于我们。

3. 图片展示

图片展示模块通过设计美观的图片来对旅游景点进行展示。

4. 主体部分

主要包含公司案例、“脚步”指南两个模块，图文并茂，布局合理。

5. 网页底部

网页底部包含网站相关模块介绍。

5.2.4 案例实施

步骤 1：在项目目录下新建 index.html 文件，编写页面结构。

```
<!DOCTYPE html>
<html>
 <head>
        <meta charset="utf-8">
        <meta name="viewport" content="width=device-width, initial-scale=1, maximum-scale=1, user-scalable=no">
        <title>旅游网站</title>
        <link rel="stylesheet" type="text/css" href="css/style.css"/>
 </head>
 <body>
...
</body>
</html>
```

步骤 2：编写旅游网站的头部，包括名称、搜索框、搜索按钮。

```
<header class="boo-top">
 <div class="nav-content">
        <h1>旅游网站</h1>
        <div class="search">
               <input type="text" name="" id="" value="" placeholder="请输入城市" />
               <button>搜索</button>
        </div>
 </div>
</header>
```

步骤 3：编写旅游网站的导航菜单，包括首页、公司包团游、周末一日游、国庆七日游、目的地、关于我们。

```
<nav>
 <ul>
        <li class="active">首页</li>
        <li>公司包团游</li>
        <li>周末一日游</li>
        <li>国庆七日游</li>
        <li>目的地</li>
        <li>关于我们</li>
 </ul>
</nav>
<div class="banner">
```

```
    <img src="./img/l15.jpg">
  </div>
```

步骤 4：编写旅游网站的公司案例。

```
<div class="content">
  <div class="lv-title">
        <fieldset>
              <legend>公司案例</legend>
        </fieldset>
  </div>
  <ul class="lv-list">
        <li>
              <img src="img/bann.jpg">
              <h3>舒适的放松环境，放空自己，享受大自然</h3>
        </li>
        <li>
              <img src="img/l1.jpg">
              <h3>时间染指，太多的红尘纷扰无时无刻不在侵蚀着我们的灵魂，这种被称作“生活”的东西一直紧紧地把心包裹，往事如影随形。</h3>
        </li>
        <li>
              <img src="img/l2.jpg">
              <h3>沿途的风景，是否可以驻足欣赏，累了，容我休息一下，继续奔波未来的路程。</h3>
        </li>
        <li>
              <img src="img/l4.jpg">
              <h3>一个人，一颗享受的心，走到哪都是旅游。</h3>
        </li>
        <li>
              <img src="img/l12.jpg" class="bootom_img">
              <h3>开花了，就想去赏花。落叶了，就想去看叶。下雪了，也想去看雪。每个季节都有属于它们的美景，而这个夏天我就要去海边听浪花的声音。</h3>
        </li>
  </ul>
  …
</div>
```

步骤 5：编写旅游网站的“脚步”指南模块。

```
<div class="lv-title">
  <fieldset>
        <legend>“脚步”指南</legend>
  </fieldset>
</div>
<ul class="route-guide">
  <li><img src="img/f0.jpg"></li>
  <li>
        <ul>
              <li>
                    <img src="img/l10.jpg">
```

```
                <h3>宁夏沙坡头-通湖草原-西部影城-贺兰山岩画 5 日游</h3>
            </li>
            <li>
                <img src="img/l11.jpg">
                <h3>三亚-蜈支洲-天涯 5 日游</h3>
            </li>
            <li>
                <img src="img/l12.png">
                <h3>西昌、邛海、泸山 3 日游</h3>
            </li>
            <li>
                <img src="img/l3.jpg">
                <h3>甲米、普吉岛 5 晚 6 日游-2 晚国际 5 星级泳池别墅 柏森山庄 柏森 6 项 轻浅时光
</h3>
            </li>
            <li>
                <img src="img/l5.jpg">
                <h3>毕棚沟、桃坪羌寨、甘堡藏寨 2 日游-舒适型酒店-包含桃坪羌寨</h3>
            </li>
            <li>
                <img src="./img/l6.jpg">
                <h3>英格兰-苏格兰-机票+当地 9 晚 11 天深度游，温莎城堡、巨石阵、比斯特购物村、牛
津、剑桥、伦敦两天自由活动，全程四星级酒店</h3>
            </li>
        </ul>
    </li>
</ul>
```

步骤 6：编写旅游网站的网页底部模块。

```
<footer>
    <dl>
        <dt>关于我们</dt>
        <dd>团队介绍</dd>
        <dd>团队优势</dd>
        <dd>联系我们</dd>
    </dl>
    <dl>
        <dt>主要业务</dt>
        <dd>公司福利</dd>
        <dd>公司考察</dd>
    </dl>
    <dl>
        <dt>企业方案</dt>
        <dd>旅游方案</dd>
        <dd>景点考察</dd>
        <dd>考核案例</dd>
    </dl>
    <dl>
        <dt>企业须知</dt>
```

```
        <dd>不良竞争</dd>
        <dd>常见纠纷</dd>
        <dd>质量保证</dd>
    </dl>
    <dl>
        <dt>预定须知</dt>
        <dd>签约方式</dd>
        <dd>付款方式</dd>
        <dd>旅游保障</dd>
    </dl>
</footer>
```

步骤 7：编写旅游网站的样式 style.css。

```
*{
  padding: 0;
  margin: 0;
}
a{
  text-decoration: none;
}
ul{
  list-style: none;
}
/* PC 端 */
.boo-top{
  width: 100%;
  height: 100px;
  background-image: url(../img/logo.jpg);
  background-repeat: no-repeat;
  background-size: 100% 100px;
}
.nav-content{
  width: 1200px;
  height: 100px;
  margin: auto;
  display: flex;
  justify-content: space-between;
  align-items: center;
}
.nav-content>h1{
  color: #fff;
  font-size: 34px;
}
.search{
  display: flex;
  justify-content: flex-start;
}
.search>input{
  width: 220px;
```

```
    height: 40px;
    border: 1px solid #efefef;
    border-radius: 3px;
    text-indent: 1em;
    outline: navajowhite;
  }
  .search>button{
    width: 60px;
    height: 42px;
    border: none;
    outline: navajowhite;
    border-top-right-radius: 5px;
    border-bottom-right-radius: 5px;
    margin-left: -10px;
    color: #fff;
    background-color: #0095ff;
    cursor: pointer;
  }
  /* 导航样式 */
  nav{
    width: 100%;
    height: 50px;
    background-color: #0095FF;
    color: #fff;
  }
  nav>ul{
    width: 1200px;
    height: 50px;
    margin: auto;
    text-align: center;
    line-height: 50px;
    color: #fff;
    display: flex;
    justify-content: flex-start;
  }
  nav>ul>li{
    width: 150px;
    height: 50px;
    cursor: pointer;
  }
  .active{
    background-color: #0B5586;
  }
  .banner{
    width: 100%;
  }
  .banner>img{
    width: 100%;
```

```
  height: 550px;
}
.content{
  width: 100%;
  background-color: #e7f2fd;
  padding-bottom: 50px;
}
.lv-title{
  width: 1000px;
  height: 40px;
  line-height: 40px;
  text-align: center;
  margin: 20px auto;
}
.lv-title>fieldset{
  border: none;
  border-top: 1px solid #0B5586;
}
.lv-title>fieldset>legend{
  padding: 0 15px;
  font-size: 30px;
  letter-spacing: 5px;
}
.lv-list{
  width: 1200px;
  margin: auto;
  display: flex;
  justify-content: flex-start;
  flex-wrap: wrap;
}
.lv-list>li{
  width: 380px;
  height: 280px;
  margin-right: 10px;
  background-color: #0B5586;
  margin-bottom: 15px;
}
.lv-list>li>img{
  width: 100%;
  height: 240px;
}
.lv-list>li>h3{
  width: 100%;
  height: 40px;
  overflow: hidden;
  white-space:nowrap;
  text-overflow:ellipsis;
  color: #fff;
```

```
  font-weight: normal;
  font-size: 16px;
  line-height: 30px;
  text-indent: 1em;
}
.lv-list>li:nth-child(5){
  width: 770px;
}
.route-guide{
  width: 1200px;
  margin: auto;
  display: flex;
  justify-content: flex-start;
}
.route-guide>li:nth-child(1){
  width: 300px;
  height: 600px;
}
.route-guide>li:nth-child(1)>img{
  width: 300px;
  height: 590px;
}
.route-guide>li:nth-child(2){
  flex: 1;
  height: 600px;
}
.route-guide>li:nth-child(2)>ul{
  width: 100%;
  height: 600px;
  display: flex;
  justify-content: flex-start;
  flex-wrap: wrap;
}
.route-guide>li:nth-child(2)>ul>li{
  width: 280px;
  height: 290px;
  margin-left: 10px;
  margin-bottom: 10px;
  background-color: #0B5586;
}
.route-guide>li:nth-child(2)>ul>li>img{
  width: 280px;
  height: 230px;
  color: #fff;
  font-weight: normal;
}
.route-guide>li:nth-child(2)>ul>li>h3{
  padding: 0 10px;
```

```
  overflow: hidden;
  white-space:nowrap;
  text-overflow:ellipsis;
  font-size: 14px;
  color: #fff;
  font-weight: normal;
  line-height: 50px;
}
/* 底部 */
footer{
  height: auto;
  display: flex;
  padding: 50px 240px;
  justify-content: space-around;
  background-color: #0B5586;
  color: #fff;
}
footer>dl>dt{
  font-weight: bold;
}
footer>dl>dd{
  line-height: 35px;
}
/* 移动端 */
@media  (max-width:500px) {
  .boo-top{
        background-image: none;
  }
  .nav-content{
        width: 95%;
        margin: auto;
        display: flow-root;
  }
  .nav-content>h1{
        width: 100%;
        line-height: 40px;
        font-size: 20px;
        text-align: center;
        color: #0095FF;
        border-bottom: 1px solid #DEDEDE;
  }
  .search{
        width: 100%;
        height: 40px;
        color: #838383;
        margin-top: 10px;
  }
  .search>input{
```

```
        width: 100%;
        height: 40px;
        background-color: #EAEAEA;
        background-image: url(../img/search.png);
        background-repeat: no-repeat;
        background-size: 30px 30px;
        background-position: center right;
}
.search>button{
        display: none;
}
nav{
        display: none;
}
.banner>img{
        height: 300px;
}
.content{
        width: 100%;
        overflow: hidden;
        padding-bottom: 20px;
}
.lv-title{
        width: 95%;
        height: 40px;
}
.lv-title>fieldset{
        border: none;
        text-align: left;
        line-height: 30px;
        margin-top: 10px;
}
.lv-title>fieldset>legend{
        font-size: 14px;
        font-weight: bold;
        letter-spacing: normal;
        border-left: 4px solid #0095FF;
}
.lv-list{
        width: 100%;
        padding: 10px;
}
.lv-list>li{
        width: 47%;
        height: 190px;
        margin: 0 10px 10px 0px;
}
.lv-list>li>img{
```

```
        width: 100%;
        height: 150px;
}
.lv-list>li>h3{
        font-size: 14px;
}
.lv-list>li:nth-child(5){
        display: none;
}
.route-guide{
        width: 100%;
        padding: 10px;
}
.route-guide>li:nth-child(1){
        display: none;
}
.route-guide>li:nth-child(2){
        width: 100%;
        height: auto;
}
.route-guide>li:nth-child(2)>ul{
        width: 100%;
        height: auto;
        display: flex;
        justify-content: flex-start;
        flex-wrap: wrap;
}
.route-guide>li:nth-child(2)>ul>li{
        width: 47%;
        height: 240px;
        margin-left: 10px;
        margin-bottom: 10px;
        background-color: #0B5586;
}
.route-guide>li:nth-child(2)>ul>li>img{
        width: 100%;
        height: 190px;
        color: #fff;
        font-weight: normal;
}
.route-guide>li:nth-child(2)>ul>li>h3{
        padding: 0 10px;
        overflow: hidden;
        white-space:nowrap;
        text-overflow:ellipsis;
        font-size: 14px;
        color: #fff;
        font-weight: normal;
```

```
        line-height: 50px;
    }
    footer{
        height: 30px;
        padding: 15px 100px;
        background-color: #dbdbdb;
    }
    footer>dl>dd{
        display: none;
    }
    footer>dl:nth-child(2n){
        display: none;
    }
    footer>dl>dt{
        font-weight: normal;
    }
}
```

步骤 8：查看 index.html 文件运行效果。

任务 3　个人相册

5.3.1　案例描述

个人相册网界面展示了个人相册的内容，整体结构分为上、下两部分，可以使用“变形”和“过渡”标签进行展示，从而实现相册图片的缩放效果，如图 5-4 所示。

图 5-4　个人相册网界面效果

5.3.2　知识储备

本节介绍 CSS3 中的 transform（变形）和 transition（过渡）样式，具体内容如下。

1. transform 样式规则（translate、rotate、scale、skew）

transform 属性向元素应用 2D 或 3D 转换，该属性可以对元素进行旋转、缩放、移动或倾斜，语法如下。

```
transform: none | transform-functions;
```

transform 属性取值如表 5-5 所示。

表 5-5 transform 属性取值

属性	说明
none	定义不进行转换
translate(x,y)	定义 2D 转换
translate3d(x,y,z)	定义 3D 转换
translateX(x)	定义 x 轴转换
translateY(y)	定义 y 轴转换
translateZ(z)	定义 z 轴转换
scale(x[,y])	定义 2D 缩放转换
scale3d(x,y,z)	定义 3D 缩放转换
scaleX(x)	通过设置 X 轴的值来定义缩放转换
scaleY(y)	通过设置 Y 轴的值来定义缩放转换
scaleZ(z)	通过设置 Z 轴的值来定义 3D 缩放转换
rotate(angle)	定义 2D 旋转，在参数中规定角度
rotate3d(x,y,z,angle)	定义 3D 旋转
rotateX(angle)	定义沿着 X 轴的 3D 旋转
rotateY(angle)	定义沿着 Y 轴的 3D 旋转
rotateZ(angle)	定义沿着 Z 轴的 3D 旋转
skew(x-angle,y-angle)	定义沿着 x 轴和 y 轴的 2D 倾斜转换
skewX(angle)	定义沿着 X 轴的 2D 倾斜转换
skewY(angle)	定义沿着 Y 轴的 2D 倾斜转换
perspective(n)	为 3D 转换元素定义透视视图

2. transition 样式规则

transition 属性是一个简写属性，用于设置 4 个过渡属性，语法如下。

```
transition: property duration timing-function delay;
```

4 个过渡属性如表 5-6 所示。

表 5-6 4 个过渡属性

属性	说明
transition-property	设置过渡效果的 CSS 属性的名称
transition-duration	设置实现过渡效果需要多少秒或多少毫秒
transition-timing-function	设置切换效果的速度
transition-delay	定义过渡效果从何时开始

transition-delay 属性规定过渡效果从何时开始，值以秒或毫秒计，语法如下。

```
transition-delay: time;
```

属性取值如表 5-7 所示。

表 5-7 transition-delay 属性取值

属性值	说明
time	设置在过渡效果开始之前需要等待的时间，以秒或毫秒计

transition-duration 属性设置实现过渡需要花费的时间（以秒或毫秒计），语法如下。

```
transition-duration: time;
```

属性取值如表 5-8 所示。

表 5-8 transition-duration 属性取值

属性值	说明
time	设置实现过渡需要花费的时间（以秒或毫秒计），默认值是 0，即不会有效果

transition-property 过渡效果通常在用户将鼠标光标浮动到元素上时发生，语法如下。

```
transition-property: none | all | property;
```

属性取值如表 5-9 所示。

表 5-9 transition-property 属性取值

属性值	说明
none	没有属性会获得过渡效果
all	所有属性都将获得过渡效果
property	定义应用过渡效果的 CSS 属性名称列表，列表以逗号分隔

transition-timing-function 属性允许过渡效果的速度随着时间的变化而变化，语法如下。

```
transition-timing-function: linear | ease | ease-in | ease-out | ease-in-out | cubic-bezier(n,n,n,n);
```

属性取值如表 5-10 所示。

表 5-10 transition-timing-function 属性取值

属性值	说明
linear	设置以相同速度开始至结束的过渡效果［等于 cubic-bezier(0,0,1,1)］
ease	设置慢速开始，然后变快，再慢速结束的过渡效果［cubic-bezier(0.25,0.1,0.25,1)］
ease-in	设置慢速开始的过渡效果［等于 cubic-bezier(0.42,0,1,1)］
ease-out	设置慢速结束的过渡效果［等于 cubic-bezier(0,0,0.58,1)］
ease-in-out	设置慢速开始和结束的过渡效果［等于 cubic-bezier(0.42,0,0.58,1)］
cubic-bezier(n,n,n,n)	在 cubic-bezier()函数中定义自己的值，该值可能是 0～1 的数值

5.3.3 需求分析

本案例展示界面主要包括网页标题、风景图片两个模块，各模块的功能如下。

1. 网页标题

设置网页标题，布局合理，字体大小适中。

2. 风景图片

该模块主要展示不同形状、不同风格的图片，当鼠标光标经过时图片会有动画效果。

5.3.4 案例实施

步骤 1：在项目目录下新建 index.html 文件，编写页面结构。

```
<!DOCTYPE html>
<html>
 <head>
        <meta charset="utf-8">
        <title>个人相册</title>
        <link rel="stylesheet" type="text/css" href="css/style.css"/>
 </head>
 <body>
…
</body>
</html>
```

步骤 2：编写个人相册网的展示图片。

```
<h1>个人相册</h1>
<div class="photo-content">
 <img src="img/p1.jpg">
 <img src="img/p2.jpg">
 <img src="img/p3.jpg">
 <img src="img/p4.jpg">
 <img src="img/p5.jpg">
 <img src="img/p6.jpg">
 <img src="img/p7.jpg">
 <img src="img/p8.jpg">
 <img src="img/p9.jpg">
 <img src="img/p10.jpg">
</div>
```

步骤 3：编写个人相册网的样式 style.css。

```
*{
 padding: 0;
 margin: 0;
}
h1 {
 text-align: center;
 color: #f00;
 line-height: 80px;
}
.photo-content {
```

```
    width: 1200px;
    margin: 80px auto;
    position: relative;
  }
  .photo-content>img {
    width: 300px;
    position: absolute;
    border-radius: 20px;
    border: 5px solid #ccc;
  }
  .photo-content>img:nth-child(1) {
    top: 0;
    transform: rotate(-7deg)
  }
  .photo-content>img:nth-child(2) {
    top: 0;
    left: 300px;
    transform: rotate(17deg);
  }
  .photo-content>img:nth-child(3) {
    top: 0;
    left: 500px;
    transform: rotate(-17deg);
  }
  .photo-content>img:nth-child(4) {
    top: 0;
    left: 700px;
    transform: rotate(20deg);
  }
  .photo-content>img:nth-child(5) {
    top: 0;
    left: 900px;
    transform: rotate(-17deg);
  }
  .photo-content>img:nth-child(6) {
    left: 0;
    top: 240px;
    transform: skewY(30deg);
  }
  .photo-content>img:nth-child(7) {
    left: 200px;
    top: 230px;
    transform: rotate(-30deg);
  }
  .photo-content>img:nth-child(8) {
    left: 500px;
    top: 260px;
  }
```

```
.photo-content>img:nth-child(9) {
  left: 700px;
  top: 200px;
  transform: scale(0.8) rotate(-50deg);
}
.photo-content>img:nth-child(10) {
  right: 0;
  top: 200px;
  transform: skewX(60deg);
}
.photo-content>img:hover {
  transform: scale(2);
  transition: all 0.8s ease 0s;
  z-index: 99;
}
```

步骤 4：查看 index.html 文件运行效果。

任务 4　暴怒的小猪

5.4.1　案例描述

本案例在网站界面上展示了小猪的动画效果，使用 animation 展示内容，效果如图 5-5 所示。

图 5-5　“暴怒的小猪”界面效果

5.4.2　知识储备

本节介绍在 CSS3 样式中如何创建动画，这样许多网页中的动画图片、Flash 动画以及 JavaScript 就可以被取代了。

1. @keyframe

采用@keyframes 规则能够创建动画。创建动画的原理是，将一套 CSS 样式逐渐变换为另一套样式。在创建动画的过程中，能够多次改变这套 CSS 样式。样式规则中可以创建多个百分比，然后通过百分比给需要的动画效果添加样式，还可以用关键字“from”和“to”来表示，等价于 0%和 100%。0%是动画的开始时间，100%是动画的结束时间。

为了获得最佳的浏览器支持，应该始终定义 0%和 100%选择器。

注意

使用动画属性来控制动画的外观，同时将动画与选择器绑定，如图 5-6 所示。

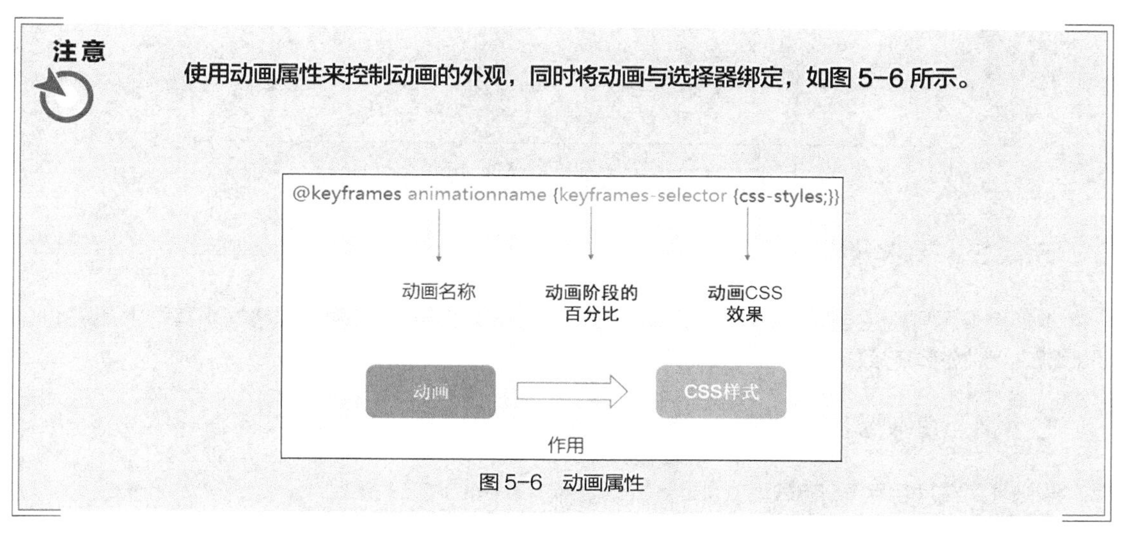

图 5-6　动画属性

2. animation

animation 属性是一个简写属性，用于设置 6 个动画属性，语法如下。

```
animation: name duration timing-function delay iteration-count direction;
```

6 个动画属性如表 5-11 所示。

表 5-11　　6 个动画属性

属性	说明
animation-name	表示需要绑定到选择器的关键帧名称
animation-duration	表示完成动画所花的时间，以秒或毫秒计
animation-timing-function	表示动画的速度曲线
animation-delay	表示在动画开始之前的延迟
animation-iteration-count	表示动画应该播放的次数
animation-direction	表示是否应该轮流反向播放动画

animation-play-state 属性规定动画正在运行还是暂停，语法如下。

```
animation-play-state: paused | running;
```

animation-play-state 属性如表 5-12 所示。

表 5-12　　animation-play-state 属性

属性	说明
paused	表示动画已暂停
running	表示动画正在播放

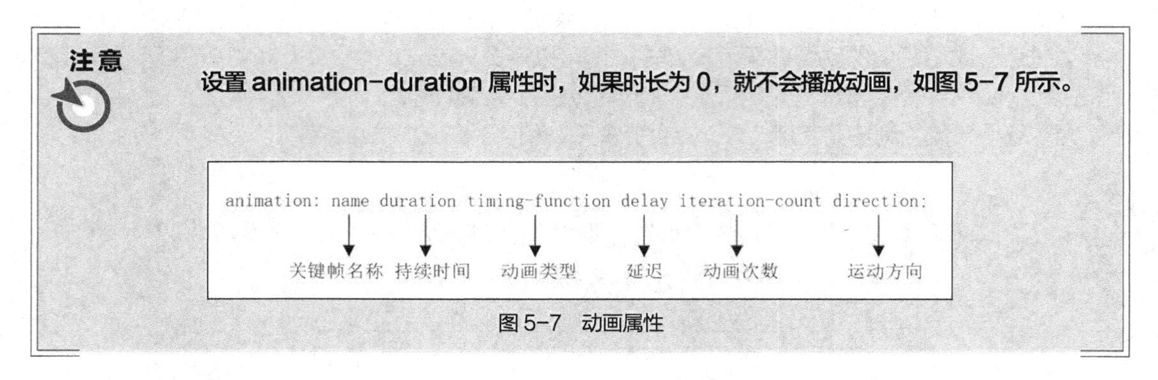

图 5-7　动画属性

5.4.3　需求分析

本案例展示界面主要通过将 div 布局和 CSS3 样式相结合来实现“暴怒的小猪”上下跳动、阴影随之变化的动态效果。

5.4.4　案例实施

步骤 1：在项目目录下新建 pig.html 文件，编写页面结构。

```
<!DOCTYPE html>
<html>
<head>
        <meta charset="UTF-8">
        <title>暴怒的小猪</title>
        <link rel="stylesheet" type="text/css" href="css/style.css"/>
 </head>
 <body>
…
</body>
</html>
```

步骤 2：编写“暴怒的小猪”网站的主体部分。

```
<div id="pig">
 <div class="ear right"></div>
 <div class="ear left"></div>
 <div class="eye right"></div>
 <div class="eye left"></div>
 <div class="nose"></div>
</div>
```

步骤 3：编写“暴怒的小猪”网站的样式 style.css。

```
html {
 height: 100%;
}
#pig {
 height: 20em;
 width: 20em;
```

```
    margin: 5em auto;
    position: relative;
    border-radius: 50%;
    box-shadow: 0 0.125em 1em #fca inset, 0 -1.5em 5em #923 inset;
    background: radial-gradient(50% 30%, #fa9 20%, #f46 100%);
    animation: float ease-in-out 1.5s infinite;
  }
  #pig:before {
    animation: shadow ease-in-out 1.5s infinite;
    content: '';
    display: block;
    position: relative;
    top: 10em;
    height: .5em;
    margin: 0 2em;
    border-radius: 80% 60%;
    box-shadow: 0 14em 1em 1em rgba(0, 0, 0, .7);
    background: rgba(0, 0, 0, 0);
    opacity: .5;
  }
  .ear {
    height: 8em;
    width: 5em;
    position: absolute;
    top: 2em;
    background: radial-gradient(50% 30%, #923 20%, #612 100%);
  }
  .ear.left {
    left: -1em;
    border-radius: 250% 50% 250% 20%;
    box-shadow: 0.125em 0.125em 0.5em rgba(90, 0, 0, 0.25), 0 -0.0625em 0.25em rgba(0, 0, 0, 0.5)
inset;
  }
  .ear.right {
    right: -1em;
    border-radius: 50% 250% 20% 250%;
    box-shadow: -0.125em 0.125em 0.5em rgba(90, 0, 0, 0.25), 0 -0.0625em 0.25em rgba(0, 0, 0, 0.5)
inset;
  }
  .eye {
    height: 7em;
    width: 3.5em;
    position: absolute;
    top: 5em;
    box-shadow: 0 -1em 1em rgba(0, 0, 100, 0.15) inset, 0 -0.25em 0.25em rgba(0, 0, 100, 0.2) inset, 0
```

```
0.125em 0.75em rgba(90, 0, 0, 0.2), 0 0.25em 1em rgba(90, 0, 0, 0.3);
    background: #fff;
  }
  .eye.left {
    left: 28%;
    border-radius: 100% 50%;
  }
  .eye.right {
    right: 28%;
    border-radius: 50% 100%;
  }
  .eye:after {
    height: 3em;
    width: 2em;
    position: absolute;
    top: 1em;
    border-radius: 100%;
    box-shadow: 0 -0.25em 0.5em #111 inset;
    content: '';
    background: #333;
  }
  .eye.left:after {
    left: 35%;
  }
  .eye.right:after {
    right: 35%;
  }
  .nose {
    height: 4em;
    width: 6em;
    position: absolute;
    top: 60%;
    left: 36%;
    border-radius: 80% 80% 70% 70%;
    box-shadow: 0 0.25em 1em rgba(90, 0, 0, 0.5), 0 -0.0625em #fff;
    background: -webkit-radial-gradient(50% 30%, #fca 20%, #fa9 100%);
    background: radial-gradient(50% 30%, #fca 20%, #fa9 100%);
  }
  .nose:before,
  .nose:after {
    height: 2em;
    width: 0.5em;
    position: absolute;
    top: 1em;
    border-radius: 100%;
```

```
  -webkit-box-shadow: 0 0.0625em #fff, 0 0 0.5em rgba(90, 0, 0, 0.5);
  box-shadow: 0 0.0625em #fff, 0 0 0.5em rgba(90, 0, 0, 0.5);
  content: '';
  background: #612;
}
.nose:before {
  left: 1.75em;
}
.nose:after {
  right: 1.75em;
}
@keyframes float {
  0% {
        -webkit-transform: translateY(0);
        transform: translateY(0);
  }
  50% {
        -webkit-transform: translateY(1em);
        transform: translateY(1em);
  }
  100% {
        -webkit-transform: translateY(0);
        transform: translateY(0);
  }
}
@keyframes shadow {
  0% {
        -webkit-transform: translateY(0);
        transform: translateY(0);
        opacity: .5;
  }
  50% {
        -webkit-transform: translateY(1em) scale(.9);
        transform: translateY(1em) scale(.9);
        opacity: 1;
  }
  100% {
        -webkit-transform: translateY(0);
        transform: translateY(0);
        opacity: .5;
  }
}
```

步骤 4：查看 pig.html 文件运行效果。

任务5 3D相册环

5.5.1 案例描述

在3D相册环界面使用CSS3样式展示相册图片的3D旋转效果，构建整体结构；使用transform-style样式和perspective样式进行内容展示，实现相册的3D动态旋转效果，如图5-8所示。

图5-8 3D相册环界面效果

5.5.2 知识储备

本节介绍CSS3样式中的3D转换，3D转换能够实现在3D空间中呈现被嵌套的元素。

1. transform-style样式规则

transform-style属性规定在3D空间中嵌套的元素如何被呈现。

注意

该属性必须与transform属性一同使用。

语法如下。

```
transform-style: flat | preserve-3d;
```

transform-style属性如表5-13所示。

表5-13 transform-style属性

属性	说明
flat	子元素将不保留其3D位置
preserve-3d	子元素将保留其3D位置

2. perspective 样式规则

perspective 属性定义 3D 元素与视图的距离，单位为像素。该属性允许改变查看 3D 元素的视图。当为元素定义 perspective 属性时，其子元素会获得透视效果，而不是元素本身。

注意

perspective 属性只影响 3D 转换元素。

语法如下。

```
perspective: number | none;
```

perspective 属性如表 5-14 所示。

表 5-14 perspective 属性

属性	说明
number	元素与视图的距离，以像素计
none	默认值，不设置透视

5.5.3 需求分析

3D 相册环界面拥有元素的旋转、缩放、转换等功能。

1. 网页图片

设置网页图片，布局合理，图片大小适中。

2. 动画效果

展示 9 张图片，围成一个环形，按逆时针旋转，实现速度由快到慢的动画效果。

5.5.4 案例实施

步骤 1：在项目目录下新建 index.html 文件，编写页面结构。

```
<!DOCTYPE html>
<html>
<head>
        <meta charset="UTF-8">
        <title>3D 相册环</title>
        <link rel="stylesheet" type="text/css" href="css/style.css"/>
 </head>
 <body>
…
</body>
</html>
```

步骤 2：编写 3D 相册环界面的主体部分。

```
<div class="stage"><!-- 大容器 -->
```

```
  <div class="unit"><!-- 舞台 -->
  <ul class="container"><!-- 相册容器 -->
        <li><img src="img/v1.jpg"/></li>
        <li><img src="img/v2.jpg"/></li>
        <li><img src="img/v3.jpg"/></li>
        <li><img src="img/v4.jpg"/></li>
        <li><img src="img/v5.jpg"/></li>
        <li><img src="img/v6.jpg"/></li>
        <li><img src="img/v7.jpg"/></li>
        <li><img src="img/v8.jpg"/></li>
        <li><img src="img/v9.jpg"/></li>
  </ul>
  </div>
</div>
```

步骤 3：编写 3D 相册环界面的样式 style.css。

```
* {
  margin: 0;
  padding: 0;
}
li{
  list-style: none;
}
body {
  background: black;
  color: #ccc;
  cursor: pointer;
}
.stage{
  width: 800px;
  height: 500px;
  margin: 20px auto;
}
.unit {
  perspective: 800px;
  width: 800px;
}
.container {
  width: 800px;
  margin: 0 auto;
  position: relative;
  transform-style: preserve-3d;
  animation: spin 15s ease-in-out infinite;
}
.container>li {
  width: 200px;
  height: 118px;
  line-height: 118px;
  text-align: center;
```

```
    position: absolute;
    top: 160px;
    left: 300px;
    box-shadow: 0 0 20px rgba(0, 0, 0, 0.9) inset;
    background: pink;
}
.container>li>img{
    width: 200px;
    height: 118px;
}
.container>li:nth-child(1) {
    transform: rotateY(0deg) translateZ(300px);
}
.container>li:nth-child(2) {
    transform: rotateY(40deg) translateZ(300px);
}
.container>li:nth-child(3){
    transform: rotateY(80deg) translateZ(300px);
}
.container>li:nth-child(4){
    transform: rotateY(120deg) translateZ(300px);
}
.container>li:nth-child(5) {
    transform: rotateY(160deg) translateZ(300px);
}
.container>li:nth-child(6) {
    transform: rotateY(200deg) translateZ(300px);
}
.container>li:nth-child(7){
    transform: rotateY(240deg) translateZ(300px);
}
.container>li:nth-child(8) {
    transform: rotateY(280deg) translateZ(300px);
}
.container>li:nth-child(9) {
    transform: rotateY(320deg) translateZ(300px);
}
@keyframes spin {
    from {
            transform: rotateY(0deg);
    }
    to {
            transform: rotateY(360deg);
    }
}
```

步骤 4：查看 index.html 文件运行效果。

任务 6　项目实战——艺展网站

5.6.1　案例描述

艺展网站界面上展示了网站的标题、搜索框、导航以及“著名画家”“名画欣赏”“画廊”和底部信息等，整体结构分为上、下两部分，需使用前面所学知识进行内容展示。

5.6.2　效果展示

本节是 CSS3 样式的综合应用，可以对前面所学内容进行巩固与拓展，艺展网站界面效果如图 5-9 所示。

图 5-9　艺展网站界面效果

5.6.3　需求分析

艺展网站界面包括网页头部、导航、图片展示、主体部分、网页底部几个模块，各个模块的功能如下。

1. 网页头部

设置网页标题、搜索框，布局合理，字体大小适中。

2. 导航

导航模块包括“首页”“画家”“画廊”“画展中心”“艺术品拍卖”“名画欣赏”“艺术资讯”“当场教学”几项。

3. 图片展示

在图片展示模块中，通过设计美观的图片来对作品进行展示。

4. 主体部分

主体部分包括“著名画家”“名画欣赏”两个模块，使用 CSS 样式实现，要求图文并茂，布局合理，“画廊”模块展示图片的动画轮播效果。

5. 网页底部

网页底部包括网站名称、QQ、邮箱、地址。

5.6.4 案例实施

步骤 1：在项目目录下新建 index.html 文件，编写页面结构。

```
<!DOCTYPE html>
<html>
<head>
        <meta charset="utf-8">
        <title>艺展网站</title>
        <link rel="stylesheet" type="text/css" href="./css/style.css" />
 </head>
 <body>
…
</body>
</html>
```

步骤 2：编写艺展网站的头部，包括标题、搜索框、搜索按钮。

```
<header class="art_top">
 <ul>
        <li>
                <h1>艺展网站</h1>
        </li>
        <li>
        <input type="text" name="" id="" value="" placeholder="请输入内容" />
        <button>搜索</button>
        </li>
 </ul>
</header>
```

步骤 3：编写艺展网站的导航模块，包括“首页”“画家”“画廊”“画展中心”“艺术品拍卖”“名画欣赏”“艺术资讯”“当场教学”。

```
<nav class="art-nav">
  <ul>
      <li><a href="#">首页</a></li>
      <li><a href="#">画家</a></li>
      <li><a href="#">画廊</a></li>
      <li><a href="#">画展中心</a></li>
      <li><a href="#">艺术品拍卖</a></li>
      <li><a href="#">名画欣赏</a></li>
      <li><a href="#">艺术资讯</a></li>
      <li><a href="#">当场教学</a></li>
  </ul>
</nav>
<div class="banner">
      <img src="img/a1.jpg">
</div>
```

步骤 4：编写艺展网站的“著名画家”“名画欣赏”部分。

```
<div class="artist-list">
  <ul>
      <li>
          <div class="artist-title">
              <p>著名画家</p>
              <p>更多</p>
          </div>
          <ul class="intr-list">
              <li>
                  <div class="artist-intr">
                      <p>画家名称：  吴道子</p>
                      <p>从事壁画创作，擅佛道、神鬼、人物、山水、鸟兽、草木、楼阁等，尤精于
佛道、人物，长于壁画创作...</p>
                  </div>
                  <img src="img/an1.png">
              </li>
              <li>
                  <div class="artist-intr">
                      <p>画家名称：  顾恺之</p>
                      <p>顾恺之，字长康，小字虎头，汉族。顾恺之博学多才，擅诗赋、书法，尤善
绘画（人像、佛像、禽兽、山水等），时人称之为三绝：画绝、文绝和痴绝...</p>
                  </div>
                  <img src="img/an2.png">
              </li>
          </ul>
      </li>
      <li>
          <div class="artist-title">
              <p>名画欣赏</p>
```

```
                <p>更多</p>
            </div>
            <ul class="intr-list art-right-list">
                <li>
                    <div class="artist-intr">
                        <p>作品名称： 《万玉图》</p>
                        <p>此图描绘倒垂梅一株，枝由右上角出，主干弧形弯曲，构成梅枝总的动势。小枝则有穿插、变化，形成枝蕊参差交错、俯仰顾盼，梅花烂漫怒放的景象...</p>
                    </div>
                    <img src="img/tul.jpg">
                </li>
                <li>
                    <div class="artist-intr">
                        <p>作品名称： 《向日葵》</p>
                        <p>梵高的这幅画有意思的地方在于，他居然用黄色的背景来衬托黄色的向日葵，而且还并不显得单调。因为当高更来到“黄色小屋”时，在这幅画前伫立了许久，并且盛赞了这幅画。...
                        </p>
                    </div>
                    <img src="img/tu2.png">
                </li>
            </ul>
    </ul>
    </li>
  </div>
```

步骤 5：编写艺展网站的“画廊”部分。

```
<p class="salon-title">画廊</p>
<div class="salon">
 <div class="rolling" id="rolling">
     <div class="m-unit" id="m-unit">
         <ul>
             <li><a href=""><img src="img/s1.jpg" /></a></li>
             <li><a href=""><img src="img/s2.jpg" /></a></li>
             <li><a href=""><img src="img/s3.jpg" /></a></li>
             <li><a href=""><img src="img/s4.jpg" /></a></li>
             <li><a href=""><img src="img/s5.jpg" /></a></li>
             <li><a href=""><img src="img/s6.jpg" /></a></li>
             <li><a href=""><img src="img/s7.jpg" /></a></li>
             <li><a href=""><img src="img/s8.jpg" /></a></li>
             <li><a href=""><img src="img/s9.jpg" /></a></li>
             <li><a href=""><img src="img/s10.jpg" /></a></li>
         </ul>
     </div>
 </div>
</div>
```

步骤 6：编写艺展网站的底部信息。

```
<footer>
 <ul>
```

```
        <li>艺展网站</li>
        <li>
            <h2>联系我们</h2>
            <p>QQ：xxxxxx</p>
            <p>邮箱：xxxxxx</p>
            <p>地址：四川省成都市武侯区XX大厦XX单元XX层</p>
        </li>
        <li>
            <img src="img/code.jpg">
        </li>
    </ul>
</footer>
```

步骤7：编写艺展网站的样式style.css。

```
* {
  padding: 0;
  margin: 0;
}
a {
  text-decoration: none;
}
ul {
  list-style: none;
}
.art-top {
  width: 100%;
  height: 80px;
}
.art-top>ul {
  width: 1200px;
  height: 100%;
  margin: auto;
  display: flex;
  justify-content: space-between;
  align-items: center;
}
.art-top>ul>li:nth-child(1)>h1 {
  /* 将背景设置为渐变色 */
  background: linear-gradient(to right, red, blue);
  /* 规定背景的绘制区域 */
  -webkit-background-clip: text;
  /* 文字为透明色 */
  color: transparent;
}
.art-top>ul>li:nth-child(2) {
  display: flex;
  justify-content: flex-start;
}
```

```
.art-top>ul>li:nth-child(2)>input {
  width: 230px;
  height: 35px;
  border: 1px solid #bfbfbf;
  border-radius: 5px;
  outline: none;
  text-indent: 1em;
}
.art-top>ul>li:nth-child(2)>button {
  width: 60px;
  height: 37px;
  outline: none;
  background-image: linear-gradient(to right, #2ff788, #5959f2);
  border: none;
  color: #fff;
  font-size: 14px;
  margin-left: -10px;
  border-top-right-radius: 5px;
  border-bottom-right-radius: 5px;
  cursor: pointer;
}
.art-nav {
  width: 100%;
  height: 60px;
  margin-top: 20px;
  border-top: 1px solid #efefef;
  border-bottom: 1px solid #efefef;
}
.art-nav>ul {
  width: 1200px;
  height: 60px;
  margin: auto;
  display: flex;
  justify-content: flex-start;
  line-height: 60px;
}
.art-nav>ul>li {
  width: 150px;
  height: 60px;
}
.art-nav>ul>li>a {
  color: #000000;
}
.art-nav>ul>li>a:hover {
  background: linear-gradient(to right, red, blue);
  -webkit-background-clip: text;
  color: transparent;
}
```

```
.banner {
  width: 1200px;
  margin: 20px auto;
}
.banner>img {
  width: 1200px;
  height: 300px;
}
.artist-list {
  width: 1200px;
  margin: auto;
}
.artist-list>ul {
  width: 100%;
  display: flex;
  justify-content: flex-start;
  background-color: #efefef;
}
.artist-list>ul>li {
  width: 580px;
  border-top: 2px solid #377D87;
}
.artist-list>ul>li:nth-child(1) {
  margin-right: 30px;
}
.artist-title {
  width: 100%;
  height: 40px;
  line-height: 40px;
  display: flex;
  justify-content: space-between;
  align-items: center;
  background-color: #fff;
  border-bottom: 1px dashed #dfdfdf;
}
.artist-title>p:nth-child(2) {
  width: 60px;
  height: 30px;
  background-color: #4AAF7B;
  color: #fff;
  text-align: center;
  line-height: 30px;
  cursor: pointer;
}
.intr-list {
  width: 100%;
}
.intr-list>li {
```

```
  height: 200px;
  background-color: #fff;
  margin: 10px 0px 10px 10px;
  padding: 15px;
  display: flex;
  justify-content: space-between;
}
.artist-intr {
  margin-right: 10px;
  width: 300px;
}
.artist-intr>p:nth-child(1) {
  line-height: 30px;
}
.artist-intr>p:nth-child(2) {
  font-size: 15px;
  line-height: 30px;
}
.intr-list>li>img {
  display: block;
  width: 220px;
  height: 200px;
}
.art-right-list>li {
  margin-left: 0px;
}
/* 画廊 */
.salon {
  width: 100%;
  height: 240px;
  background-image: url(../img/bg.png);
  margin-top: 20px;
  overflow: hidden;
}
.salon-title {
  width: 1200px;
  height: 30px;
  line-height: 30px;
  border-left: 5px solid #377D87;
  margin: 15px auto;
  text-indent: 5px;
}
.rolling {
  width: 1200px;
  height: 165px;
  margin: 30px auto;
  position: relative;
  overflow: hidden;
```

```
}
.rolling .m-unit {
  /*运动的单位
        如果这个宽度不够
        为了让所有的 li 能够并排
        这个宽度取值可以大一些
  */
  width: 7000px;
  position: absolute;
  top: 0;
  left: 0;
  animation: move 10s linear 0s infinite;
}
.rolling ul {
  height: 165px;
  list-style: none;
}
.rolling ul li {
  float: left;
  margin-right: 30px;
}
.rolling ul li img{
  height: 165px;
}
@-webkit-keyframes move {
  from {
        left: 0;
  }
  to {
        left: -1000px;
  }
}
footer{
  width: 100%;
  height: 200px;
  overflow: hidden;
  background-color: #377D87;
  color: #fff;
}
footer>ul{
  width: 1200px;
  height: 240px;
  margin: 30px auto;
  display: flex;
  justify-content: flex-start;
}
footer>ul>li{
  width: 360px;
```

```
  margin-right: 50px;
}
footer>ul>li:nth-child(1){
  font-size: 40px;
  line-height: 100px;
  font-weight: bold;
  background: linear-gradient(to right, white, red,blue);
  -webkit-background-clip: text;
  color: transparent;
}
footer>ul>li:nth-child(2)>p{
  line-height: 30px;
}
footer>ul>li:nth-child(3){
  text-align: center;
}
footer>ul>li>img{
  width: 150px;
}
```

步骤 8：查看 index.html 文件运行效果。

小结

本项目介绍了 CSS3 样式中的背景图片平铺方法、背景剪切、弹性布局、变形标签、过渡标签、动画、3D 转换等知识点，通过案例详细介绍了这些知识点的用法，从而让读者更加深刻地理解网页的开发过程。本项目最后通过一个综合案例进行了知识点的综合运用。

习题

1. 选择题

（1）设置动画运行次数的属性为（　　）。

A. animation-duration　　B. animation-name
C. animation-delay　　D. animation-iteration-count

（2）定义需要多长时间才能完成动画的属性为（　　）。

A. animation-duration　　B. animation-name
C. animation-delay　　D. animation-direction

（3）设置过渡效果要持续多少秒或毫秒的属性是（　　）。

A. transtion-delay　　B. transtion-duration
C. transtion-property　　D. transtion-timing-function

（4）以下不属于长度单位的是（　　）。

A. 厘米　　B. 像素　　C. 英寸　　D. 千克

（5）1 英寸等于多少像素（　　）。

A. 96　　B. 90　　C. 95　　D. 86

2. 填空题

（1）定义动画是向前播放、向后播放，还是交替播放的属性是（　　）。
（2）要设置一条 1 像素粗的水平线，该语句是：<hr size= "（　　）">。
（3）表格的宽度可以用百分比和（　　）两种单位来设置。

项目6 JavaScript编程基础

内容导学

本项目主要介绍抽奖活动、公司数据加密、找色块游戏、用户信息录入、萌宠世界网站 5 个任务。通过介绍抽奖活动任务，了解数据类型、常量与变量、运算符、表达式、循环结构、随机数方法和转换整数等用法；通过公司数据加密任务，了解函数的定义、调用、返回，以及添加和删除数组元素的方法；通过介绍找色块游戏任务，了解元素的创建、添加和移除方法；通过介绍用户信息录入任务，了解正则匹配和 BOM；通过介绍萌宠世界网站设计任务，对 JavaScript 知识点进行综合运用。

学习目标

① 掌握数据类型与运算符、表达式等 JavaScript 基础知识。

② 掌握循环结构、随机数方法和转换整数的方法。

③ 掌握函数的定义、调用，数组元素的添加和删除方法等。

④ 掌握元素的创建、添加和移除方法。

⑤ 掌握正则匹配和 BOM。

任务 1　抽奖活动

6.1.1　案例描述

设计一个抽奖活动界面，当用户单击界面中间的“点击抽奖”时，系统进行随机抽奖，如图 6-1 所示。

图 6-1　抽奖活动界面

6.1.2 知识储备

1. JavaScript 的数据类型、常量和变量

（1）JavaScript 的数据类型

JavaScript 的数据类型主要包括基本数据类型和引用数据类型。基本数据类型主要包括字符串（String）、数字（Number）、布尔（Boolean）、空（Null）、未定义（Undefined）；引用数据类型主要包括对象（Object）、数组（Array）、函数（Function）。下面具体介绍几种主要的数据类型。

① JavaScript 字符串

字符串是存储字符（比如"Bill Gates"）的变量。字符串可以是引号中的任意文本，引号可以使用单引号或双引号。

例如：

```
var carname="Volvo XC60";
var carname='Volvo XC60';
```

我们可以在字符串中使用引号，只要不匹配围绕字符串的引号即可。

② JavaScript 数字

JavaScript 只有一种数字类型。数字可以为小数。

例如：

```
var x1=34.00;        //使用小数
var x2=34;           //使用整数
```

极大或极小的数字可以通过科学（指数）计数法来书写。

③ JavaScript 布尔

布尔（逻辑）只能有两个值：true 或 false。

例如：

```
var x=true;
var y=false;
```

④ JavaScript 数组

JavaScript 数组中一般存储相同数据类型的数据，也可存储不同数据类型的数据，下面的代码可以创建名为 cars 的数组。

例如：

```
var cars=new Array();
cars[0]="Saab";
cars[1]="Volvo";
cars[2]="BMW";
```

或者

```
var cars=["Saab","Volvo","BMW"];
```

⑤ JavaScript 对象

JavaScript 对象由花括号分隔。在括号内部，对象的属性以“名称:值”（name:value）的形式来定义。属性由逗号分隔。

例如：

```
var person={firstname:"John", lastname:"Doe", id:5566};
```

其中，对象 person 有 3 个属性：firstname、lastname 及 id。

（2）常量和变量

在 JavaScript 中，确定的数值称为常量，可以被改变的量称为变量。

① 常量

声明常量的方法如下。

- 我们用 const（ES6 新增）来声明常量，常量名一般为大写字母，声明的常量必须赋值。

例如：

```
const PI;
```

- 声明常量并赋值

例如：

```
const PI=3.14;
```

② 变量

变量的命名规范如下。

- 可以包含字母、数字、下画线、$。
- 不能以数字开头。

例如：

```
var 1name;//错误
var name1;//正确
var $name;//正确
var name;//正确
```

- 可以采用驼峰命名法、下画线命名法。

驼峰命名法：如果变量名是由多个单词组成的合成词，那么从第二个单词开始，每个单词的首字母大写。举例如下。

```
varstuJavaScore;
```

下画线命名法举例如下。

```
var _userName;//一般用于全局变量命名
```

2. 运算符、表达式

JavaScript 中的运算符包括一元运算符、算术运算符、关系运算符、逻辑运算符等，可以适用于很多值，包括字符串、数值、布尔值的计算。

（1）一元运算符

只能操作一个值的运算符叫作一元运算符，比如递增“++”和递减“--”。

（2）算术运算符

JavaScript 中一共有 5 个算术运算符，加、减、乘、除、求模（取余）。

（3）关系运算符

用于进行比较的运算符称作关系运算符：小于（<）、大于（>）、小于等于（<=）、大于等于（>=）、相等（==）、不等（!=）、全等（恒等）（===）、不全等（不恒等）（!==）。

（4）逻辑运算符

逻辑运算符用于布尔值的操作，一般和关系运算符配合使用，有 3 个逻辑运算符：逻辑与（AND）、逻辑或（OR）、逻辑非（NOT）。

① 逻辑与（AND）：&&

逻辑与运算符属于短路操作。顾名思义，如果第一个操作数返回 false，那么不管第二个数是

true 还是 false，都返回 false。

② 逻辑或（OR）：||

逻辑或运算符两边只要有一边是 true，则返回 true。

③ 逻辑非（NOT）：!

逻辑非运算符可以用于任何值。无论这个值是什么数据类型，都会返回一个布尔值。它的流程是：先将这个值转换成布尔值，然后取反。

（5）表达式

表达式是 JavaScript 中的一个短句，JavaScript 解释器会将其计算出一个结果。表达式的分类如下。

① 原始表达式

原始表达式是最简单的表达式，也是最简单的表达式类型，复杂的表达式都是由原始表达式组合而来的。JavaScript 中原始表达式包含常量、直接量、关键字和变量。

例如：

```
1.23 // 数字直接量
"hello" // 字符串直接量
/\d/ // 正则表达式直接量
true // 关键字
```

② 对象和数组的初始化表达式

对象和数组的初始化表达式实际上是一个新创建的对象和数组，这些初始化表达式有时称作“对象直接量”和“数组直接量”。它不是原始表达式，因为它所包含的成员或者元素都是子表达式。

例如：

```
[] // 一个空数组
[1 + 2, 3 + 4] //两个元素的数组
```

③ 函数定义表达式

函数定义表达式定义一个 JavaScript 函数，表达式的值是这个新定义函数的返回值。从某种意义上讲，函数定义表达式也被称为“函数直接量”。

例如：

```
function(x){ return x * x; } // 返回一个包含一个参数的函数
```

④ 属性访问表达式

属性访问表达式运算有一个对象属性或者一个数组元素的值，它有两种语法。

例如：

```
obj.x      // 返回 obj 对象的 x 属性
obj["x"]   //对象 obj 的 x 属性
```

⑤ 调用表达式

调用表达式是一种调用函数或方法的语法表示，它以一个函数表达式开始，后面跟随一对小括号，括号里是逗号隔开的参数。

例如：

```
foo() // 调用 foo()方法，没有参数
Math.max(1, 2, 3) // 调用 Math 对象的 max()方法，传入 3 个参数
```

⑥ 对象创建表达式

对象创建表达式创建一个对象并调用一个函数（这个函数称作构造函数）初始化新对象的属性。对象创建表达式和调用表达式类似，只是对象创建表达式前面多了一个关键字 new。

例如：

```
new Object() // 创建一个 Object 对象
new Point(2, 3) //创建一个 Point 对象，并传入两个参数
```

注意

如果一个对象创建表达式不需要传入任何参数给构造函数，那么这对小括号是可以省略的。

⑦ 算术表达式

算术表达式是将基础表达式通过运算符进行运算的复合型表达式。

（6）eval()函数

JavaScript 通过函数 eval()来解释和运行由 JavaScript 源代码组成的字符串，语法格式如下。

```
eval("表达式");
```

例如：

```
eval("3 + 2") // => 5
```

注意

并不是所有的语句都可以执行 eval()函数的参数，例如，执行 return、break 等会报错。另外，eval()函数的性能比较差，一般不建议使用。

3. 程序运行结构

程序运行的三大结构包括顺序结构、选择结构、循环结构。顺序结构是指代码自上而下逐行执行；选择结构是指选择某条分支进行执行；循环结构是指按照一定的要求循环执行，直到不满足要求为止。

（1）顺序结构

顺序结构表示程序中的各操作是按照它们出现的先后顺序执行的，是程序最常用的结构。

（2）选择结构

选择结构通过判断条件是否成立来决定执行哪个分支。选择结构有多种形式，分为单分支、双分支、多分支选择结构。

① 单分支选择结构

if 语句单分支选择结构的语法格式如下。

```
if(表达式){
    表达式的结果为真的时候，所执行的语句
}
```

② 双分支选择结构

双分支选择结构的语法格式如下。

```
if(表达式){
    表达式的结果为真的时候，所执行的语句
}else{
    表达式的结果为假的时候，所执行的语句
}
```

③ 多分支选择结构

多分支选择结构的语法格式如下。

```
if(表达式 1){
        表达式 1 的结果为真的时候，所执行的语句
}else if(表达式 2){
        表达式 2 的结果为真的时候，所执行的语句
}else if(表达式 3){
        表达式 3 的结果为真的时候，所执行的语句
}else{
        前面表达式都为假的时候，所执行的语句
}
```

（3）循环结构

JavaScript 中的循环结构主要有 while、do...while、for 循环结构 3 种，具体介绍如下。

① while 循环结构

语法格式如下。

```
while(条件语句){
    条件成立时执行的代码
}
```

② do...while 循环结构

do...while 循环结构是 while 循环结构的变异体，它们的循环流程相似，唯一不同的地方在于不管条件是否成立，do...while 循环结构都会先执行一次，后面的流程和 while 循环结构一样。

语法格式如下。

```
do
    {代码块}
while(条件语句);
```

③ for 循环结构

语法格式如下。

```
for(声明变量并赋初始值;条件表达式;每重复一次后变量的变化规律){
    重复执行的代码块
}
```

4. 随机数方法 Math.random()

JavaScript 中可以使用随机数方法获取随机数，它是一种伪随机的方式，主要应用方法如下。

```
Math.random()   返回 0（包括）～1（不包括）之间的随机数。
获取 0～9 的随机数 parseInt(Math.random()* 10)
获取 1～10 的随机数 parseInt(Math.random()* 10 + 1)
获取 1～N 的随机数 parseInt(Math.random()* N + 1)
获取 0～N 的随机数 parseInt(Math.random()* (N + 1))
获取 N～M 的随机数 parseInt(Math.random()* (M - N + 1) +N)
```

5. 转换整数 parseInt()

parseInt()函数可解析一个字符串，并返回一个整数。

语法格式如下。

```
parseInt(string, radix)
```

解析规则及示例如下。

（1）String 头部和尾部的空格将被自动除去。

```
parseInt("    011        ",2)        //3
```

若参数 String 不是字符串，则先将其转换为字符串再解析。

```
parseInt(11,2)          //3
parseInt(011,2)         //NaN   011 转换成字符串是 9，而 9 对于二进制是非法字符
parseInt(011)           //9
parseInt(1.11,10)       //1
```

（2）如果参数 radix 不是数值，会被自动转换为一个整数。这个整数只有在 2～36 之间，才能得到有意义的结果，超出范围，则返回 NaN。如果第二个参数是 0、Undefined 和 Null，则直接忽略。

例如：

```
parseInt('10', 37) // NaN
parseInt('10', 1) // NaN
parseInt('10', 0) // 10
parseInt('10', null) // 10
parseInt('10', undefined) // 10
```

（3）在两个参数都存在的情况下，以 radix 为基数解析 string。

例如：

```
parseInt("011",2)        //3
parseInt("011",10)       //11
parseInt("011",16)       //17
```

（4）如果字符串包含对于指定进制无意义的字符，则返回 NaN。

```
parseInt('1546', 2) // 1
parseInt('546', 2) // NaN
```

（5）将 string 解析成整数的时候，每个字符依次转换，当遇到不能转换成数字的字符时将停止解析，只返回前面解析的结果。

例如：

```
parseInt("11ww")         //11
parseInt("011ww")        //11
parseInt("0x11ww")       //17
parseInt("0ww")          //0，解析成 parseInt("0",10)
```

6.1.3 需求分析

从图 6-1 中可知，界面包括的标签有<div>、<img>，单击按钮后，图片会变色。在界面中，通过设置弹性布局、背景位置、背景重复来显示各个模块的图片。JavaScript 主要通过数组循环改变选中图片的透明度，使用计时器改变时间间隔，通过随机数控制定时器确定随机抽奖的结果。

6.1.4 案例实施

步骤 1：在项目目录下新建 index.html 文件，编写页面结构。

```
<!DOCTYPE html>
<html>
  <head>
        <meta charset="utf-8">
        <title>抽奖活动</title>
        <link rel="stylesheet" type="text/css" href="./css/style.css"/>
  </head>
  <body>
        <div class="container">
              <div class="block1 block">
                    <img src="img/s1.png">
              </div>
              <div class="block2 block">
                    <img src="img/s2.png">
              </div>
              ...
              <div class="block9 block">
                    <img src="img/s8.png">
              </div>
        </div>
        <script src="js/index.js" type="text/javascript" charset="utf-8"></script>
  </body>
</html>
```

步骤 2：编写页面的 CSS 样式。

```
* {
  padding: 0;
  margin: 0;
}
.container {
  width: 600px;
  height: 450px;
  display: flex;
  flex-wrap: wrap;
  margin: auto;
  margin-top: 50px;
  background-color: #838383;
}

.block {
  width: 200px;
  height: 150px;
  outline: 1px solid black;
  text-align: center;
  line-height: 150px;
  font-size: 26px;
  background-repeat: no-repeat;
  background-size: 100% 100%;
```

```
    background-position: 100% 100%;
  }

  .block>img {
    width: 200px;
    height: 150px;
  }

  .block5 {
    background-color: skyblue;
    cursor: pointer;
  }
```

步骤 3：编写相应的 JavaScript 文件。

```
var blocks = document.getElementsByClassName("block");
var arr = [0, 1, 2, 5, 8, 7, 6, 3]
  i = 0,
  count = 0,
  stopTimer;
var rand = Math.floor(Math.random()* 8 + 50); // 给出一个停止计时器的随机数，当 count 的值等于这个随
//机数时，停止计时器
var around = function() {
  // 将其他盒子都变为不加透明度
  for (var j = 0; j < arr.length; j++) {
      blocks[arr[j]].style.opacity = "1";
  }
  // 将当前 arr[i]值所对应的盒子的透明度属性修改为 0.4
  blocks[arr[i]].style.opacity = "0.4";
  i++;
  // 重置 i 的值
  if (i === arr.length) {
      i = 0;
  }
  count++; // count 是一个计数器 根据 count 的值来调整速度
  // 下面的 4 个 if 根据 count 的值来关闭和重启计时器，改变计时器的时间间隔
  if (count === 5 || count === 45) {
      clearInterval(stopTimer);
      stopTimer = setInterval(around, 200);
  }
  if (count === 10 || count === 35) {
      clearInterval(stopTimer);
      stopTimer = setInterval(around, 100);
  }
  if (count === 15) {
      clearInterval(stopTimer);
      stopTimer = setInterval(around, 50);
  }
  if (count === rand) {
      clearInterval(stopTimer);
```

```
        }
    }
    // 给开始按钮绑定单击事件，单击后执行 around
    var start = function() {
        console.log(11)
        blocks[4].removeEventListener("click", start); // 用户单击了开始按钮后，必须要移除该事件，防止用户重
//复单击
        stopTimer = setInterval(around, 300);
    }
    blocks[4].addEventListener("click", start);
```

步骤 4：查看 index.html 文件运行效果，如图 6-2 所示。

步骤 5：单击“点击抽奖”，程序的运行结果如图 6-3 所示。

图 6-2　效果展示

图 6-3　程序运行结果

任务 2　公司数据加密

6.2.1　案例描述

在公司数据加密界面中，用户可以输入数据。输入 4 位加密数字，单击“确定”按钮后，程序对这 4 位数字进行加密，并返回加密后的结果，用户输入数据界面如图 6-4 所示。

图 6-4　用户输入数据界面

6.2.2　知识储备

1. 函数定义

函数是对一段功能性代码的封装，定义后可以重复使用。按参数分类，函数分为有参函数和无参函数。

2. 函数声明和调用

（1）函数声明

对任何语言来说，函数都是一个核心概念。函数可以封装任意多条语句，并可以在任何地方、任何时候调用执行。JavaScript 中的函数使用 function 关键字来声明，后面是一组参数及函数体。

（2）函数调用

函数的调用模式有 4 种，分别为函数调用模式、方法调用模式、构造函数调用模式、上下文调用模式。

① 函数调用模式

```
function fn1 () {
  console.log(this);
};
fn1(); // 在调用函数 fn1 时，输出的 this 的结果是 window 对象
```

在上述代码中，fn1 表示函数调用模式中的 this 是指向 window 对象的，而返回值由 return 语句决定。

② 方法调用模式

```
var name = "james";
var obj = {
  name : "wade",
  fn1 : function () {
console.log(this.name);
  }
};
obj.fn1(); // 在调用 obj 中的 fn1 函数时，输出的是 wade
```

分析上面的代码，得出结论：在方法调用模式中，this 指向调用该方法的对象，返回值还是由 return 语句决定，如果没有 return，则没有返回值。

③ 构造函数调用模式

```
function Fn () {
  this.name = "james",
  this.age = 32,
  console.log(this)
};
var fn1 = new Fn();// 在调用这段代码的时候，输出的是 Fn {name: "james", age: 32}
```

分析上面的代码，得出结论：在构造函数调用模式中，this 是指向构造函数的实例，如果没有添加返回值，则默认的返回值是 this。

④ 上下文调用模式

```
function f1(){
  console.log(this);
}
f1.call(null); // Window
f1.call(undefined); // Window
f1.call(123); // Number 的实例
f1.call("abc"); // String 的实例
```

```
f1.call(true); // Boolean 的实例
f1.call([1,2,3]); // Array 的实例
```

分析上面的代码，得出结论：在上下文调用模式中，传递的参数不同，this 的指向也不同，this 会指向传入参数的数据类型，返回值由 return 语句决定，如果没有 return，则没有返回值。

3. return 的用法

任何函数都可以通过 return 语句与之后要返回的值来实现返回值。为函数的返回值赋予一个变量，然后可以通过变量进行操作。return 语句还有一个功能就是退出当前函数，不再执行之后的语句。

语法格式如下。

```
return[()[expression][]];
// 可选项 expression 参数是函数要返回的值。如果省略该参数，则该函数不返回任何值
```

用 return 语句可以终止一个函数的执行，并返回 expression 的值。如果 expression 被省略，或在函数内没有执行 return 语句，则将值 undefined 赋予调用当前函数的表达式。

return 语句的用法如下。

```
function myfunction(arg1, arg2){
  var r;
    r = arg1 * arg2;
    return(r);
}
```

return 表示从被调函数返回到主调函数继续执行，返回时可附带一个返回值，由 return 后面的参数指定。return 通常是必要的，因为调用函数的时候通常是通过返回值带出计算结果的。

4. 数组元素的添加和删除

JavaScript 数组的 push()方法用于在数组末尾添加元素，当调用该方法时，新的 length 属性值将被返回。

例如：

```
var sports = ["soccer", "baseball"];
var total = sports.push("football", "swimming");
console.log(sports); // ["soccer", "baseball", "football", "swimming"]
console.log(total);   // 4
```

pop()方法用于从数组中删除最后一个元素，并返回该元素的值。此方法将会更改数组的长度。

例如：

```
let a = [1, 2, 3];
a.length; // 3
a.pop(); // 3
console.log(a); // [1, 2]
a.length; // 2
arr.pop() // 返回从数组中删除的元素（当数组为空时，返回 undefined）
```

shift()方法用于从数组中删除第一个元素，并返回该元素的值。此方法将更改数组的长度。

例如：

```
let a = [1, 2, 3];
let b = a.shift();
console.log(a); // [2, 3]
```

```
console.log(b); // 返回从数组中删除的元素；如果数组为空，则返回 undefined
```

unshift()方法用于将一个或多个元素添加到数组的开头，并返回新数组的长度。

例如：

```
let a = [1, 2, 3];
a.unshift(4, 5);
console.log(a);// [4, 5, 1, 2, 3]
```

6.2.3 需求分析

图 6-4 所示的界面包括<input>和<prompt>标签，单击“确定”按钮后实现数字的加密。使用<prompt>标签弹出对话框，等待用户输入数据，用户输入数据后，单击“确定”按钮，通过 JavaScript 进行数据的加密处理，处理完成后通过页面显示出来。

6.2.4 案例实施

步骤 1：在项目目录下新建 index.html 文件，编写页面结构。

```
<!DOCTYPE html>
<html>
  <head>
      <meta charset="utf-8">
      <title>公司数据加密</title>
  </head>
  <body>
      <!-- 某公司采用公用电话传递数据，数据是四位整数，在传递过程中是加密的，
      加密规则如下：每位数字都加上 8，然后用除以 3 的余数代替该数字，再将第一位和第四位交换，
      第二位和第三位交换，请编写一个函数，传入原文，输出密文 -->
      <script src="./js/index.js" type="text/javascript" charset="utf-8"></script>
  </body>
</html>
```

步骤 2：编写相应的 JavaScript 文件。

```
function secret(num) {
  var a = parseInt(num / 1000);
  var b = parseInt(num / 100) % 10;
  var c = parseInt(num / 10) % 10;
  var d = num % 10;
  a = (a + 8) % 3;
  b = (b + 8) % 3;
  c = (c + 8) % 3;
  d = (d + 8) % 3;
  return "" + d + c + b + a;
}
var num = parseInt(prompt("请输入四位加密数字"));
alert("加密后的数据是：" + secret(num));
```

步骤 3：查看 index.html 文件，输入对应的加密数字，如图 6-5 所示。

步骤 4：输入数字后，单击“确定”按钮，显示加密后的数字，如图 6-6 所示。

图 6-5　输入加密数字　　　　图 6-6　运行结果

任务 3　找色块游戏

6.3.1　案例描述

设计一个找色块的游戏，页面起始是一个 2×2 的方块界面，其中一个色块的颜色是棕色的（棕色方块的位置是随机的）。用户找到正确的色块后单击，界面尺寸不变，方块数会变成（n+1）×（n+1），如果用户单击的色块不正确，则提示错误，游戏结束，如图 6-7 所示。

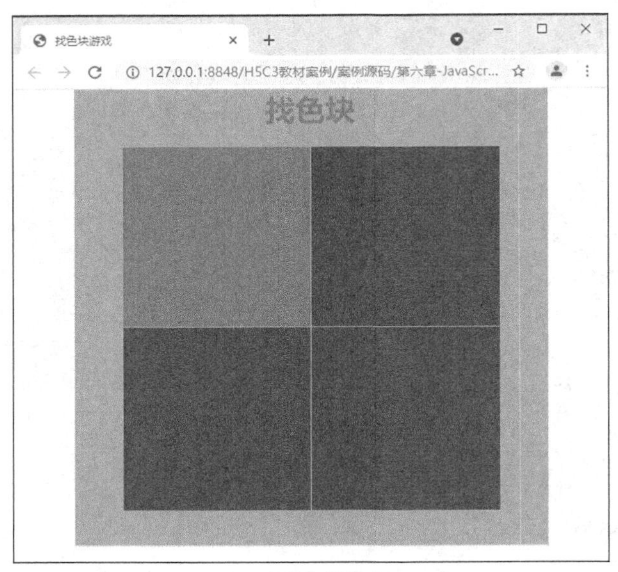

图 6-7　找色块游戏界面

6.3.2　知识储备

DOM 是指文档对象模型。DOM 为文档提供了结构化表示，并定义了如何通过脚本来访问文档结构。其实 DOM 就是为了能让 JavaScript 操作 HTML 元素而制定的一个规范。DOM 是由节点组成的。HTML 加载完毕，渲染引擎就会在内存中将 HTML 文档生成一个 DOM 树，通过 getElementById()方法可以获取内存中 DOM 上的标签节点，DOM 的数据结构如图 6-8 所示。

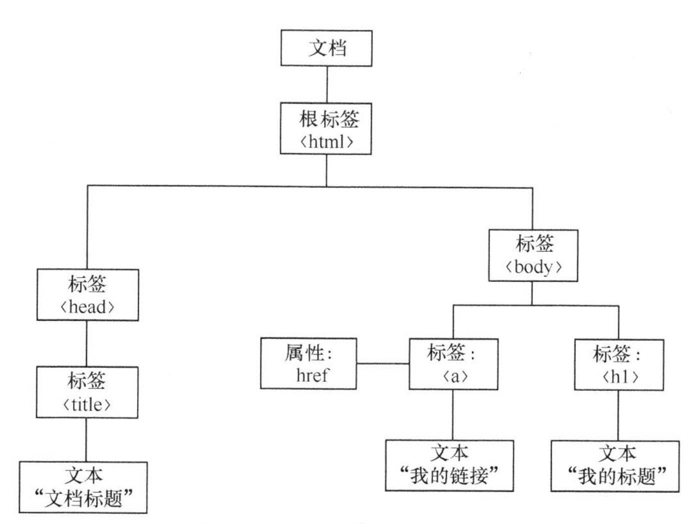

图 6-8　DOM 的数据结构

由上图可知，在 HTML DOM 中，一切成分都是节点（非常重要）。

（1）标签节点：HTML 标签。

（2）文本节点：标签中的文字（比如标签之间的空格、换行）。

（3）属性节点：标签的属性。

DOM 操作主要包括标签节点和属性节点的增、删、改、查。

1. 标签获取与查询

我们可以使用内置对象 document 上的 getElementById()方法来获取 HTML 标签上设置的 id 属性的元素，具体的查找方法如下。

```
getElementById()  // 查找指定 id 属性值的对象，返回所查找到的一个对象
getElementsByTagName() // 查找指定的标签对象，返回所查找到的节点数组 NodeList
getElementsByName() //查找指定 Name 属性的对象，返回所查找到的节点数组 NodeList
getElementsByClassName() //查找指定 Class 属性的对象，返回所查找到的节点数组 NodeList
```

同时还可以利用标签节点的属性获取它的子节点、父节点和同胞节点。

（1）子节点

```
Node.childNodes  //获取子节点列表 NodeList; 注意换行在浏览器中被视为 text 节点，如果用这种方式获取
//节点列表，需要进行过滤
Node.firstChild  //返回第一个子节点
Node.lastChild  //返回最后一个子节点
```

（2）父节点

```
Node.parentNode // 返回父节点
Node.ownerDocument //返回祖先节点（整个 document）
```

（3）同胞节点

```
Node.previousSibling // 返回前一个节点，如果没有该节点，则返回 null
Node.nextSibling // 返回后一个节点
```

2. 标签新增

我们要想新增节点，首先要创建节点，然后将新建的节点插入 DOM 中。

```
createElement() //按照指定的标签名创建一个新的标签节点
创建代码片段：（为避免频繁刷新 DOM，可以先创造代码片段，完成所有节点操作之后统一添加到 DOM 中）
createDocumentFragment()
```

复制节点：

```
cloneNode(boolean) //只有一个参数，传入一个布尔值，true 表示复制该节点下的所有子节点；false 表示只
//复制该节点
```

插入节点：

```
appendChild(childNode) //将 childNode 节点追加到子节点列表的末尾
insertBefore(newNode, targetNode) //将 newNode 插入 targetNode 之前
```

3. 标签删除

```
removeChild(childNode) //移除 childNode 节点
node.parentNode.removeChild(node) //在不清楚父节点的情况下使用
```

4. 标签替换

```
replaceChild(newNode, targetNode) //使用 newNode 替换 targetNode
```

6.3.3 需求分析

通过基本标签布局，利用 CSS 美化页面，通过 JavaScript 获取 DOM 标签、创建找色块游戏界面函数、找色块方法、成功和失败函数，实现找色块游戏的功能。

6.3.4 案例实施

步骤 1：在项目目录下新建 index.html 文件，编写页面结构。

```
<!DOCTYPE html>
<html>
  <head>
        <meta charset="utf-8">
        <title>找色块游戏</title>
        <link rel="stylesheet" type="text/css" href="css/style.css"/>
  </head>
  <body>
        <div class="content">
              <h1>找色块</h1>
        </div>
        <script src="js/index.js"></script>
  </body>
</html>
```

步骤 2：编写页面的 CSS 样式。

```
*{
padding: 0;
```

```
margin: 0;
}
.content{
width: 500px;
height: 500px;
background-color: darkgray;
margin: 0 auto;
text-align: center;
}
.content h1{
color: chocolate;
}
.gameView{
width: 400px;
height:400px;
background-color: yellowgreen;
margin: 20px auto;
}
.colorView{
background-color: red;
float: left;
}
```

步骤 3：编写相应的 index.js 文件。

```
var content = document.getElementsByClassName("content")[0];
var x = 2;
// 创建游戏界面
function createGameView() {
  var gameView = document.createElement("div");
  gameView.className = "gameView";
  content.appendChild(gameView);
  var s = Math.random()* x * x;
  s = parseInt(s);
  for (var i = 0; i < x * x; i++) {
        var colorView = createColorView(x);
        if (i == s) {
              colorView.style.opacity = 0.5;
              colorView.onclick = success;
        } else {
              colorView.onclick = failed;
        }
        gameView.appendChild(colorView);
  }
}
createGameView();
// 创建找色块的方法
function creatColorView(x) {
  var colorView = document.createElement("div");
  colorView.className = "colorView";
```

```
    var w = 400 - (1 + x);
    var h = w;
    colorView.style.width = w / x + "px";
    colorView.style.height = h / x + "px";
    return colorView;
}
function success() {
    x++;
    content.removeChild(content.childNodes[3])
    createGameView();
}
function failed() {
    alert("你太失败了，该换眼镜了~");
    x = 2;
    content.removeChild(content.childNodes[3])
    createGameView();
}
```

步骤 4：运行 index.html 文件，游戏初始界面效果如图 6-9 所示。

步骤 5：在实际界面中，当单击任意红色色块时，游戏结束。效果如图 6-10 所示。

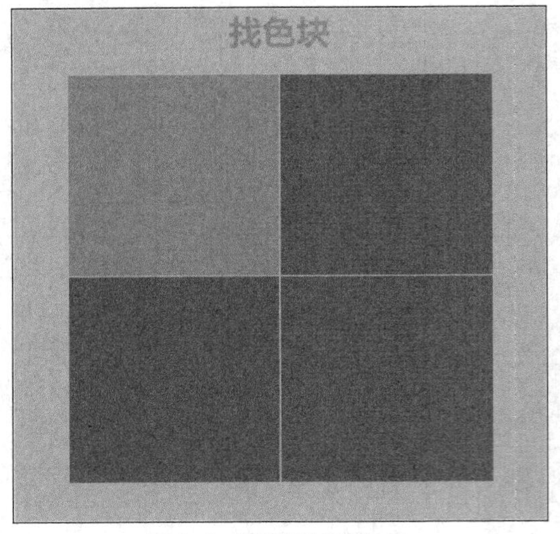

图 6-9　游戏初始界面效果

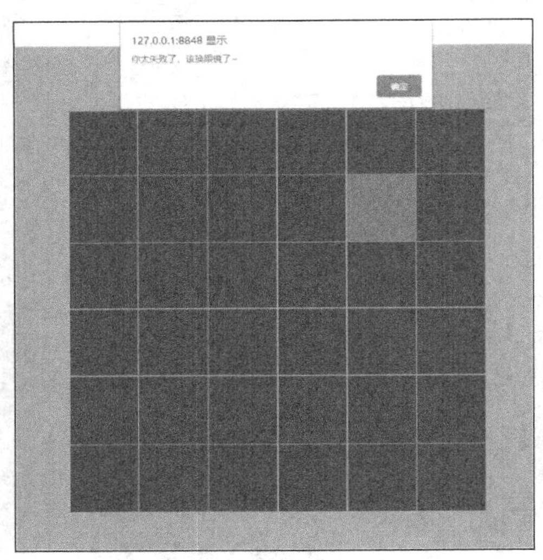

图 6-10　游戏结束界面效果

任务 4　用户信息录入

6.4.1　案例描述

设计一个用户信息录入系统，可以实现新增用户信息，新增信息包括用户名、年龄、邮箱、手机号、个人简介。当用户输入信息时，通过正则表达式校验文本框中的信息是否符合规则，然后单击“新增”按钮，实现用户信息的新增，界面如图 6-11 所示。

图 6-11　新增用户信息界面

6.4.2　知识储备

正则表达式（Regular Expression，在代码中常简写为 regex、regexp 或 RE）使用单个字符串来描述，匹配一系列符合规则的字符串搜索模式，是用来简单描述一组字符串的表达式。当用户在文本中搜索数据时，可以用搜索模式来描述要查询的内容。正则表达式可以是一个简单的字符，也可以是一个更复杂的模式。正则表达式可用于所有文本搜索和文本替换操作，常用的修饰符如表 6-1 所示。

表 6-1　正则表达式常用的修饰符

修饰符	描述
i	执行对大小写不敏感的匹配
g	执行全局匹配（查找所有匹配，而非在找到第一个匹配后停止）
m	执行多行匹配

1. 正则匹配

正则匹配模式分为两种，一种是贪婪模式，另一种是非贪婪模式。

（1）贪婪模式：在遇到歧义时尽可能多地匹配符合的结果。

在使用修饰匹配次数的特殊符号时，有几种表示方法可以使同一个表达式匹配不同的次数，例如，“{m,n}”“{m,}”“?”“*”“+”，具体匹配的次数由被匹配的字符串而定，如表 6-2 所示。

表 6-2　贪婪模式表达式示例

表达式	匹配结果
(d)(\w+)	“\w+”将匹配第一个“d”之后的所有字符“xxxdxxxd”
(d)(\w+)(d)	“\w+”将匹配第一个“d”和最后一个“d”之间的所有字符“xxxdxxx”。虽然“\w+”也能够匹配最后一个“d”，但是为了使整个表达式能够匹配成功，“\w+”可以“让出”它本来能够匹配的最后一个“d”

（2）非贪婪模式：匹配到一次符合的结果就不匹配了。

JavaScript 默认是贪婪匹配模式，贪婪模式变成非贪婪模式只需要在贪婪量词后面加一个“?”，可以使匹配次数不定的表达式尽可能少地匹配，使可匹配、可不匹配的表达式尽可能地“不匹配”。这种匹配原则叫作非贪婪模式，也叫作“勉强”模式。如果少匹配，就会导致整个表达式匹配失败，这时与贪婪模式类似，非贪婪模式会最小限度地再匹配一些，以使整个表达式匹配成功，如表 6-3 所示。

表 6-3　非贪婪模式表达式示例

表达式	匹配结果
(d)(\w+?)	“\w+?”匹配第一个“d”之后的字符，匹配结果是：“\w+?”只匹配了一个“x”
(d)(\w+?)(d)	“\w+?”先匹配“d”之后的“xxx”，成功后再匹配后面的“d”，匹配结果是：“\w+?”匹配两个“d”之间的“xxx”

2. 正则常用方法

JavaScript 使用正则表达式的方法实现字符串的匹配等操作，常用的正则表达式的方法有 test()、compile()、exec()，具体介绍如下。

（1）test()方法

test()方法用来测试某个字符串是否与正则表达式匹配，返回布尔值，示例如下。

```
var reg=/boy(s)?\s+and\s+girl(s)?/gi;
document.write(reg.test('boy and girl'));
```

输出结果：true

（2）compile()方法

该方法的作用是对正则表达式进行编译，被编译过的正则表达式使用起来效率会更高，适合对一个正则表达式多次调用的情况。该方法接受的参数也是一个正则表达式。

示例如下。

```
var reg=/[abc]/gi;
document.write(reg.test('a')+"<br>");
reg=/[cde]/gi;
document.write(reg.test('a')+"<br>");
reg.compile(reg);
document.write(reg.test('a')+"<br>");
```

输出结果如下。

```
true
false
false
```

（3）exec()方法

exec()方法用于检索字符串中的正则表达式的匹配情况。返回一个数组，其中存放匹配的结果。如果 exec()方法没有找到匹配的字符串，则返回 null；如果 exec()方法找到了匹配的字符串，则返回一个数组，并且更新全局 regexp 对象的属性，以反映匹配结果。数组的 0 元素包含了完整的匹配，而第 1 到 *n* 个元素中包含的是匹配中出现的任意一个子匹配。

示例如下。

```
var reg=/(\w)l(\w)/g;
var str="hello world hello 123 hello programmer hello test";
```

```
    var arr=reg.exec(str);
    while(arr){
        console.dir(arr);
        console.log("lastIndex:"+reg.lastIndex);
        arr=reg.exec(str);
    }
```

控制台输出如下。

▶Array(3)
lastIndex:4
▶Arra(3)
lastIndex:11
▶Array(3)
lastIndex:16
▶Array(3)
lastIndex:26
▶Array(3)
lastIndex:43

JavaScript 中的 String 类型的对象也拥有一些和正则表达式相关的方法，可以直接使用对象的方法传入正则表达式参数以实现字符的匹配、统计等功能，主要包括 search()、replace()、match()这 3 种方法。

（1）search()方法

该方法用来查找第一次匹配的子字符串的位置，如果找到该位置，就返回一个 number 类型的 index 值；否则返回-1。search()方法返回的只是第一次匹配的位置，它接受一个正则表达式或者子字符串为参数。

示例代码如下。

```
var str="hello world";
document.write(str.search(/o/g));
```

输出结果：4

（2）replace()方法

该方法用来将字符串中的某些子串替换为需要的内容，接受两个参数。第一个参数可以为正则表达式或者子字符串，表示匹配需要被替换的内容。第二个参数为被替换的、新的子字符串。如果声明为全局匹配，则会替换所有结果；否则只替换第一个匹配到的结果。

示例代码如下。

```
var str="hello world,hello test";
document.write(str.replace(/hello/g,'hi'));
```

输出结果：hi world,hi test

（3）match()方法

该方法接受一个正则表达式作为参数，用来匹配一个字符串。如果声明采用非全局匹配，则输出结果为一个数组并带有额外的属性；如果声明采用全局匹配，则不返回任何和其被匹配字符串相关的信息，只返回匹配的结果。

非全局匹配代码如下。

```
var str="1 plus 2 equal 3";
document.write(str.match(/\d+/g));
```

输出结果：1,2,3

3. BOM 浏览器对象模型

当我们使用浏览器打开一个网页时，JavaScript 系统会自动创建对象，首先创建浏览器对象 window，然后为 window 对象创建子级对象，最后形成一个树状模型，这个模型就是 BOM 模型。

（1）window 对象的常用属性

window 对象的常用属性如表 6-4 所示。

表 6-4　window 对象的常用属性

属性	说明
history(历史)	有关客户访问过的 URL 的信息
location(当前)	有关当前 URL 的信息

例如：

```
window.location = "URL 地址";
location.href = "URL 地址";
history.go(-1); //后退一页
history.go(1); //前进一页
history(2); //前进两页
```

（2）window 对象的常用方法

window 对象的常用方法如表 6-5 所示。

表 6-5　window 对象的常用方法

方法	说明
prompt()	显示提示用户输入的对话框
alert()	显示带有一个提示信息和一个“确定”按钮的警示框
confirm()	显示一个带有提示信息、“确定”按钮和“取消”按钮的对话框
close()	关闭浏览器
open()	打开一个新的浏览器窗口，加载指定 URL 所指的文档
setTimeout()	在指定的毫秒数后调用函数或计算表达式
setInterval()	按照指定的周期（以毫秒计）来调用函数或表达式

6.4.3　需求分析

本案例包括的标签有<label>、<input>、<span>、<textarea>、<form>，使用正则表达式验证来封装公共的校验函数，在用户输入正确的用户名、年龄、邮箱、手机号、个人简介成功进行用户信息的新增后，返回首页并显示新增的用户名。

6.4.4　案例实施

步骤 1：在项目目录下新建并编辑 add-user.html 文件，实现用户信息录入页面。

```
<!DOCTYPE html>
<html>
  <head>
```

```
        <meta charset="utf-8">
        <title>用户信息录入</title>
        <link rel="stylesheet" type="text/css" href="css/user.css"/>
    </head>
    <body>
        <form >
            <p>
                <label>用  户 名：</label>
                <input type="text" placeholder="请输入用户名" id="username" required/>
                <span class="tips"></span>
            </p>
            <p>
                <label>年      龄：</label>
                <input type="number" placeholder="请输入年龄" id="age" min="18" max="100"/>
                <span class="tips"></span>
            </p>
            <p>
                <label>邮      箱：</label>
                <input type="email" placeholder="请输入邮箱" id="email"/>
                <span class="tips"></span>
            </p>
            <p>
                <label>手  机 号：</label>
                <input type="tel" placeholder="请输入手机号" id="phone"/>
                <span class="tips"></span>
            </p>
            <p class="person_intr">
                <label>个人简介：</label>
                <textarea rows="7" cols="44" id="person_intr" placeholder="请输入..."></textarea>
            </p>
            <input type="button" class="btn" id="btn_add" value="新增"/>
        </form>
        <script src="js/add-user.js" type="text/javascript" charset="utf-8"></script>
    </body>
</html>
```

步骤 2：在项目目录下新建并编辑 home.html 文件，实现首页页面结构。

```
<!DOCTYPE html>
<html>
<head>
  <meta charset="utf-8">
  <title>首页</title>
</head>
<body>
  <h1 align="center">
      <span>新增用户是：</span>
      <font color="red"></font>
  </h1>
```

```
</body>
<script src="js/home.js" type="text/javascript" charset="utf-8"></script>
</html>
```

步骤 3：编辑 user.css 文件，实现页面样式。

```
*{
  padding: 0;
  margin: 0;
}
form{
  width: 400px;
  margin: 50px auto;
}
form>p{
  margin-bottom: 15px;
  position: relative;
}
form>p>input{
  width: 300px;
  height: 35px;
  border: 1px solid #BDBCBC;
  border-radius: 5px;
  outline: none;
  text-indent: 1em;
}
.sex_col{
  display: flex;
  justify-content: flex-start;
}
.sex_col:nth-child(1){
  align-items: center;
}

form>p>input[type="radio"]{
  width: 20px;
  margin-left: 10px;
  margin-right: 5px;
}
form>p>span{
  display: none;
  width: 250px;
  font-size: 12px;
  color: red;
  background-image: url(../img/error.png);
  background-size: 18px 18px;
  background-position: left top;
  background-repeat: no-repeat;
  margin-top: 8px;
  text-indent: 1.7em;
```

```
    position: absolute;
    z-index: 99;
    left: 390px;
    top: 0;
}
form>p>input[type="checkbox"]{
    width: 15px;
}

.person_intr{
    height: auto;
    display: flex;
    justify-content: flex-start;
}
.person_intr>textarea{
    resize: none;
    padding: 5px;
    width: 305px;
    box-sizing: border-box;
    margin-left: 3px;
}
.btn{
    width: 80px;
    height: 40px;
    border: none;
    border-radius: 5px;
    background-color: #4b85fb;
    color: #fff;
    margin-left: 200px;
    margin-top: 10px;
    outline: none;
    cursor: pointer;
}
```

步骤 4：编辑首页的 home.js 文件。

```
var str = location.search.split("=")[1];
var fontVal = document.getElementsByTagName("font");
fontVal[0].innerHTML = str;
```

步骤 5：编辑用户信息录入页面交互的 add-user.js 文件。

```
var tips = document.getElementsByClassName("tips");
// 公共的校验函数
function validate(box, reg, n, tip1, tip2) {
    var Val = box.value;
    var rez = reg.test(Val);
    if (rez == true) {
            box.style.borderColor = 'green';
            tips[n].style.display = 'none';
    } else if (Val == '') {
```

```
                tips[n].style.display = 'block';
                tips[n].innerHTML = tip1;
        } else {
                tips[n].style.display = 'block';
                tips[n].innerHTML = tip2;
        }
        return rez;
    }
    // 验证用户名
    var username = document.getElementById("username");
    var userState; // 添加用户验证通过状态
    username.onblur = function() {
        userState = validate(username, /^\w{6,20}$/g, 0, "用户名不能为空！", "6～20 个字符，包括大小写字母和
数字！");
    }
    // 验证年龄
    var age = document.getElementById("age");
    var agestate;
    age.onblur = function() {
        agestate = validate(age, /^\d{2,3}$/g, 1, "年龄不能为空！", "2～3 位数字！");
    }
    // 邮箱
    var email = document.getElementById("email");
    var emailState;
    email.onblur = function() {
        emailState = validate(email, /^\w+@\w+(\.\w+)+$/, 2, "邮箱不能为空！", "邮箱格式错误！");
    }
    // 手机号
    var phone = document.getElementById("phone");
    var phoneState;
    phone.onblur = function() {
        phoneState = validate(phone, /^[1][3-57-9][0-9]{9}$/, 3, "手机号不能为空！", "手机号格式错误！");
    }
    // 提交按钮
    var btn = document.getElementById("btn_add");
    var personIntr = document.getElementById("person_intr");
    btn.onclick = function() {
        // 遍历提示信息 判断是否显示
        if (userState && ageSatet && emailState && phoneState && personIntr.value ) {
                window.location.href = "home.html?name=" + username.value;
                alert("新增成功～");
        } else {
                alert("新增失败");
        }
    }
```

步骤 6：运行 add-user.html 文件，查看效果。

任务 5　项目实战——宠物世界网站

6.5.1　案例描述

设计一个宠物世界网站，此网站包括用户登录和网站首页两个界面，用户登录界面有用户名和密码输入框，单击“登录”按钮可实现登录功能；网站首页由页头、导航分类、轮播图、数据列表、页脚组成。登录界面如图 6-12 所示，网站首页如图 6-13 所示。

图 6-12　登录界面

图 6-13　网站首页

6.5.2　需求分析

本案例包含用户登录界面和网站首页，功能如下。

1. 登录界面

用户通过在登录界面输入正确的用户名和密码进行登录。其中，用户名和密码通过正则表达式校验实现，输入框信息不能为空，且符合要求才可以校验成功。

2. 网站首页

网站首页由页头、导航分类、轮播图、数据列表和页脚组成。其中，页头右侧显示当前用户名，单击“退出登录”可以跳转到登录界面。

6.5.3　案例实施

步骤 1：在项目目录下新建 index.html，编写页面结构。

```
<!DOCTYPE html>
<html>
  <head>
        <meta charset="utf-8">
        <title>宠物世界</title>
```

```
        <link rel="stylesheet" type="text/css" href="./css/index.css" />
    </head>
    <body>
        <header class="pet-top">
            <ul>
                <li>
                    <h1>宠物世界</h1>
                </li>
                <li class="user-info">
                    <a class="username">张三</a> |
                    <a href="login.html">退出</a>
                </li>
            </ul>
        </header>
        <nav class="pet-nav">
            <ul>
                <li><a href="#">首页</a></li>
                <li><a href="#">宠物</a></li>
                <li><a href="#">关于宠物</a></li>
            …
            </ul>
        </nav>
        <div class="carousel">
            <div class="slideshow" id="slideshow">
                <img class="show" src="./img/p1.jpg" />
                <img src="./img/p2.jpg" />
                <img src="./img/p3.jpg" />
                <img src="./img/p4.jpg" />
                <img src="./img/p5.jpg" />
            </div>
            <div class="page" id="page">
                <img src="./img/prev.png" />
                <img src="./img/next.png" />
            </div>
        </div>
        <div class="pet-list">
            <ul>
                <li>
                    <img src="img/o1.jpg">
                    <h3>我只想做一只文静的狗狗</h3>
                </li>
                …
            </ul>
        </div>
        <footer>
            <ul>
                <li>
                    <a href="#">关于我们</a> |
```

```
                </li>
                ...
            </ul>
        </footer>
        <script src="js/index.js" type="text/javascript" charset="utf-8"></script>
    </body>
</html>
```

步骤 2：编辑 login.html 文件。

```
<!DOCTYPE html>
<html>
    <head>
        <meta charset="utf-8">
        <title>登录</title>
        <link rel="stylesheet" type="text/css" href="css/login.css" />
    </head>
    <body>
        <div class="login-content">
            <h1 align="center">宠物世界-登录网站</h1>
            <form>
                <div class="oinpt-box">
                    <p>
                        <span></span>
                        <input type="text" name="uname" id="uname" value="" placeholder="请
输入用户名" />
                    </p>
                    <span class="tips"></span>
                </div>
                <div class="oinpt-box">
                    <p>
                        <span></span>
                        <input type="password" name="pass" id="pass" value="" placeholder="
请输入密码" />
                    </p>
                    <span class="tips"></span>
                </div>
                <div class="btn-login">
                    <button id="btn-login">登录</button>
                </div>
            </form>
        </div>
        <script src="js/login.js" type="text/javascript" charset="utf-8"></script>
    </body>
</html>
```

步骤 3：编写首页 index.css 样式。

```
*{
    padding: 0;
    margin: 0;
```

```
}

a {
  text-decoration: none;
  color: #000000;
}

ul {
  list-style: none;
}

.pet-top {
  width: 100%;
  height: 80px;
}

.pet-top>ul {
  width: 1000px;
  height: 100%;
  margin: auto;
  display: flex;
  justify-content: space-between;
  align-items: center;
}

.user-info {
  color: #666;
  font-size: 15px;
}

.user-info>a {
  color: #666;
}

.pet-top>ul>li:nth-child(1)>h1 {
  /* 将背景设置为渐变色 */
  background: linear-gradient(to right, red, blue);
  /* 设置背景的绘制区域 */
  -webkit-background-clip: text;
  /* 将文字设置为透明色 */
  color: transparent;
}

.pet-nav {
  width: 1000px;
  height: 60px;
  margin: auto;
}
```

```
.pet-nav>ul {
    width: 1000px;
    height: 60px;
    display: flex;
    justify-content: flex-start;
    line-height: 60px;
}

.pet-nav>ul>li {
    width: 120px;
    height: 60px;
}

.pet-nav>ul>li>a {
    color: #000000;
}

.pet-nav>ul>li>a:hover {
    background: linear-gradient(to right, red, blue);
    -webkit-background-clip: text;
    color: transparent;
}

/* 轮播图 */
.carousel {
    width: 1000px;
    height: 470px;
    position: relative;
    margin: auto;
    margin-bottom: 20px;
}

.slideshow {
    width: 1000px;
    height: 450px;
}

.slideshow img {
    width: 1000px;
    height: 450px;
    display: none;
}

.slideshow .show {
    display: block;
}
```

```
.page {
    width: 1000px;
    margin: 0 auto;
    position: absolute;
    top: 190px;
}

.page img {
    width: 40px;
    height: 55px;
    margin-right: 570px;
    cursor: pointer;
}
.page img:last-child {
    margin: 0;
    position: absolute;
    right: 0;
    top: 0px;
}

.pet-list {
    width: 100%;
    overflow: hidden;
    background-color: #efefef;
}

.pet-list>ul {
    width: 1000px;
    margin: 10px auto;
    display: flex;
    justify-content: space-between;
}

.pet-list>ul>li {
    width: 200px;
    height: 240px;
    background-color: #fff;
}

.pet-list>ul>li>img {
    width: 180px;
    height: 180px;
    padding: 10px 10px 0px;
}

.pet-list>ul>li>h3 {
    font-weight: normal;
    font-size: 15px;
```

```
    padding: 10px;
}

footer {
    width: 100%;
    height: 130px;
    overflow: hidden;
    background-color: #9a9a9a;
    color: #fff;
}

footer>ul {
    width: 300px;
    height: 50px;
    margin: 50px auto;
    display: flex;
    justify-content: flex-start;
}

footer>ul>li {
    text-align: center;
    /* width: 360px; */
    margin: 5px;
}

footer>ul>li>a {
    color: #fff;
    font-size: 14px;
}
```

步骤 4：编写登录 login.css 样式。

```
*{
    padding: 0;
    margin: 0;
}
.login-content{
    width: 450px;
    height: 330px;
    position: absolute;
    top: 0;
    left: 0;
    right: 0;
    bottom: 0;
    box-shadow: 0px 0px 5px #000;
    margin: auto;
}
.login-content>h1{
    font-size: 28px;
    color: #f65;
```

```
    line-height: 80px;
}
.login-content>form{
    width: 380px;
    margin: auto;
}
.oinpt-box{
    width: 280px;
    margin: auto;
    margin-bottom: 30px;
}
.tips{
    display: none;
    width: 230px;
    font-size: 12px;
    color: red;
    background-image: url(../img/error.png);
    background-size: 18px 18px;
    background-position: left top;
    background-repeat: no-repeat;
    margin-top: 6px;
    text-indent: 1.7em;
    margin-left: 63px;
}
.oinpt-box>p{
    width: 280px;
    display: flex;
    justify-content: flex-start;
    border: 1px solid #BDBCBC;
    border-radius: 3px;
}
.oinpt-box>p>span{
    width: 65px;
    height: 41px;
    background-repeat: no-repeat;
    background-position: 15px 6px;
    border-right: 1px solid #BDBCBC;
    background-color: #ececec;
}
.oinpt-box>p:nth-child(1)>span{
    background-image: url(../img/user.png);
    background-size: 30px 30px;
}
.oinpt-box>p:nth-child(2)>span{
    background-image: url(../img/password.png);
    background-size: 23px 23px;
    background-position: 18px 7px;
}
```

```
.oinpt-box>p>input{
    width: 230px;
    height: 40px;
    border: none;
    outline: none;
    border-radius: 5px;
    text-indent: 1em;
}
.btn-login{
    width: 100px;
    height: 40px;
    margin: auto;
}
.btn-login>button{
    width: 100%;
    height: 100%;
    background-color: green;
    color: #fff;
    border: none;
    border-radius: 5px;
    font-size: 15px;
    cursor: pointer;
    margin-top: 10px;
}
```

步骤 5：编写相应的 index.js 文件。

```
var str = location.search.split("=")[1];
var fontVal = document.getElementsByClassName("username");
if(str){
    fontVal[0].innerHTML = str;
}else{
    fontVal[0].innerHTML = "张三";
}
//记录当前索引
var index = 0;

//通过获取 id 获取图片容器
var slideshowBox = document.getElementById("slideshow");
//通过获取标签获取容器下的图片
var pics = slideshowBox.getElementsByTagName("img");
//通过获取 id 获取上下切换点容器
var pages = document.getElementById("page");
//通过获取标签获取容器下的图片
var pages = pages.getElementsByTagName("img");
var pre = pages[0];
var next = pages[1];
function preUp() {
    //记录索引
    if (index == 0) {
```

```
            index = pics.length - 1;
        } else {
            index = index - 1;
        }
        //清除当前图片、指示点类
        for (var j = 0; j < pics.length; j++) {
            pics[j].className = "";
            // points[j].className = "";
        }
        //更改图片类名、指示点类名
        pics[index].className = "show";
        // points[index].className = "active";
    }
    function NextPage() {
        //记录索引
        if (index == pics.length - 1) {
            index = 0;
        } else {
            index = index + 1;
        }
        //清除当前图片、指示点类
        for (var j = 0; j < pics.length; j++) {
            pics[j].className = "";
            // points[j].className = "";
        }
        //更改图片类名、指示点类名
        pics[index].className = "show";
        // points[index].className = "active";
    }
    //单击上页切换时
    pre.onclick = preUp;
    //单击下页切换时
    next.onclick = NextPage;
    //由于我的指示点与上下页切换键不在一个 div 内，且图片是自动变化的，难以选中，
    //因此需要定义一个全局 arr 获取一个容器，以此获取鼠标的事件
    var aar = document.querySelector(".carousel");
    //自动轮播
    //setInterval()为计时器，后面的 1000 表示 1000 毫秒，即 1s，表示每隔 1s 进行切换
    var Vet = setInterval(function() {
        lunbo()
    }, 1000);
    function lunbo() {
        for (var j = 0; j < pics.length; j++) {
            pics[j].className = "";
        }
        if (index < 4) {
            index = index + 1;
        } else {
```

```
        index = 0;
    }
    pics[index].className = "show";
}
```

步骤 6：编写登录的 login.js 文件。

```
var tips = document.getElementsByClassName("tips");
// 输入框添加状态
var ustatus = false;
var pstatus = false;
// 验证用户名
var username = document.getElementById("uname");
username.onblur = function() {
    var Val = username.value;
    var reg = /^\w{6,20}$/g
    var rez = reg.test(Val);
    if (rez == true) {
        username.style.borderColor = 'green';
        tips[0].style.display = 'none';
        ustatus = true;
    } else if (Val == '') {
        tips[0].style.display = 'block';
        tips[0].innerHTML = "用户名不能为空";
    } else {
        tips[0].style.display = 'block';
        tips[0].innerHTML = "6～20 个字符，包括大小写字母和数字";
    }
}
// 验证密码
var pass = document.getElementById("pass");
pass.onblur = function() {
    var Val = username.value;
    var reg = /^\w{6,20}$/g
    var rez = reg.test(Val);
    if (rez == true) {
        username.style.borderColor = 'green';
        tips[1].style.display = 'none';
        pstatus = true;
    } else if (Val == '') {
        tips[1].style.display = 'block';
        tips[1].innerHTML = "密码不能为空";
    } else {
        tips[1].style.display = 'block';
        tips[1].innerHTML = "6～20 个字符，包括大小写字母和数字";
    }
}
// 提交按钮
var btn = document.getElementById("btn_login");
btn.onclick = function() {
```

```
        // 遍历提示信息 判断是否显示
        console.log(ustatus)
        if (ustatus && pstatus) {
            window.location.href = "index.html?name=" + username.value;
            alert("新增成功~");
        } else {
            alert("新增失败");
        }
    }
```

步骤 7：运行 index.html 文件，效果如图 6-14 所示。

步骤 8：运行 login.html 文件，效果如图 6-15 所示。

图 6-14 页面的初始效果

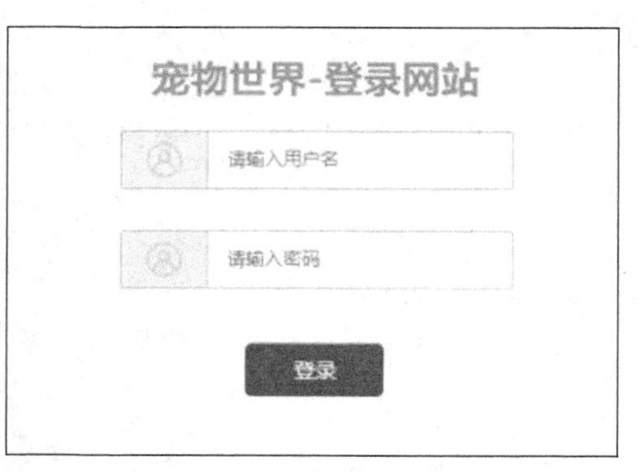

图 6-15 登录运行效果

小结

本项目首先介绍了 JavaScript 的基础语法，讲解了基础的数据类型和常量及变量的使用方法。接着，讲解了程序运行的三大结构，包括顺序结构、选择结构、循环结构。然后，介绍了函数和 DOM 的操作方法。最后，通过一个项目案例进行 JavaScript 编程的综合练习。

习题

1. 选择题

（1）关于 JavaScript 导入，说法错误的是（　　）。

A. 可以通过 src 属性导入.js 文件

B. 带有 src 属性的 script 元素，可以在<script>标签中编写 JavaScript 代码

C. 当 script 元素在 body 上方时，需要进行预加载

D. 当 script 元素在 body 下方时，不需要进行预加载

（2）以下不属于 JavaScript 数据类型的是（　　）。

A. undefined　　B. list　　C. object　　D. array

（3）关于数组操作，说法不正确的是（　　）。

A. push()方法在数组前面推入数据

B. pop()方法用于删除数组中的最后一个元素，并返回删除的元素

C. join()方法可以将数组转成字符串

D. reverse()方法用于颠倒数组中元素的顺序

（4）关于元素操作说法不正确的是（　　）。

A. 使用 document.getElementById()方法，可以获取 id 属性的元素对象

B. 元素对象.innerHTML 可以获取元素内的标签和文字

C. 元素对象.style.color ="red"可以将元素对象内的文字转变为红色

D. 元素对象.onclick()可以设置该元素的单击操作

（5）在页面中，当按下键盘任意一个键时都会触发（　　）事件。

A. onfocus　　B. onsubmit

C. onmousedown　　D. onkeydown

2. 填空题

（1）下面有一段 JavaScript 程序，其中 while 循环执行的次数是（　　）。

```
var i = 0;
while(i=1)i++;
```

（2）如果想要从函数返回一个值，必须使用关键字（　　）。

（3）JavaScript 程序运行的三大结构包括（　　）、（　　）、（　　）。

项目7 综合项目——环保网站

▶ 内容导学

在深入学习了前面 6 个项目后，相信初学者已经熟练掌握了 HTML5 相关标签、CSS3 样式属性、布局和排版、CSS3 高级技巧及 JavaScript 基础知识。为了有效地巩固所学的知识，本项目将运用前 6 个项目所学的基础知识开发一个综合网站项目——环保网站。

▶ 学习目标

① 运用 HTML 标签、超链接、图像、列表、表格、表单及多媒体相关知识搭建网页的结构。

② 运用 CSS 的选择器及常用样式、定位、浮动等知识完成网页的样式设计。

③ 运用 JavaScript 相关知识完善网页行为。

7.1 项目介绍

环保网站是宣传环境保护的综合性网站，网站包含 7 个模块，分别是“首页”“空气净化”“节约用水”“园林景观”“服务简要”“动态新闻”“联系我们”。首页包含网站的总体介绍，空气净化界面提供了净化案例，节约用水界面从节约用水的宣传方面进行设计；园林景观界面主要包含园林及景观的介绍；服务简要界面包括环保工程、大气工程、水处理工程等；动态新闻界面主要包含新闻背景和列表；联系我们界面主要涉及联系方式的提交等。

环保网站的页面中涉及文字、图片、超链接、列表、表单、导航等内容，在样式和布局上，有页面的布局与定位、字体效果、图片轮播效果、图片放大效果等多种设计，读者可以综合已学知识进行动手实践。

7.2 需求分析

网站分为七大模块，项目功能结构如图 7-1 所示。各模块具体功能如下。

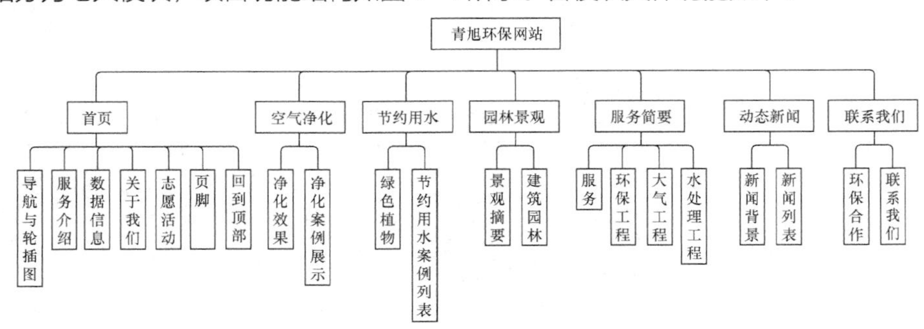

图 7-1　项目功能结构

1. 首页

环保网站首页包括常用的图片、文本、布局、超链接等，此外还有轮播图、字体效果等元素，是本项目中效果和功能最全的页面。

（1）导航与轮播图

导航通过序列布局和超链接实现。轮播图包括轮播的一些图片、网页列表和多种字体效果。

（2）服务介绍

本模块主要涉及文字、图片、选项卡功能，需要采用列表等实现。

（3）数据信息

本模块主要通过列表、行内标签、文本修饰标签、图片及样式设计实现。

（4）关于我们

本模块主要包括网站相关团队的介绍，包含图片、文字。采用盒模型实现位置划分，采用样式设置各种文字效果。

（5）志愿活动

本模块主要涉及团队志愿活动的内容，包含图片与文字结合的效果。采用盒模型实现位置划分，采用样式设置实现各种文字效果。

（6）页脚

页脚模块主要是文字，需要采用超链接、列表及样式设置实现。

（7）回到顶部

本模块的功能由超链接实现。

2. 空气净化页面

空气净化页面包含净化效果和净化案例展示等。

3. 节约用水页面

节约用水页面主要用于展示绿色植物图片和节约用水案例列表。

4. 园林景观页面

园林景观页面主要用于展示建筑园林图片和景观摘要案例。

5. 服务简要页面

服务简要页面主要用于展示图片、环保工程选项卡、大气工程选项卡、水处理工程选项卡。

6. 动态新闻页面

动态新闻页面主要用于展示新闻背景图片和新闻列表。

7. 联系我们页面

联系我们页面主要包括环保合作内容和联系信息。

7.3 页面设计

目录结构

项目名称为 envir_protect，资源文件夹中包含的内容如表 7-1 所示。

表 7-1　资源文件夹中包含的内容

序号	目录名称及主文件名	目录包含文件表	文件说明
1	css	index.css	首页样式
2		air-pur.css	空气净化页面样式
3		reset.css	网页样式重置
4		common.css	公共样式
5		contact.css	联系我们页面样式
6		news.css	动态新闻页面样式
7		park-view.css	园林景观页面样式
8		save-water.css	节约用水页面样式
9		server.css	服务简要页面样式
10	img	（图片资源）	图片资源文件夹
11	javascript	index.js	首页逻辑处理
12		get-dom.js	获取 dom
13		to-top.js	回到顶部
14		server.js	服务简要页面的逻辑处理
15	pages	air-pur.html	空气净化
16		contact-us.html	联系我们
17		news.html	动态新闻
18		park-view.html	园林景观
19		save-water.html	节约用水
20		server.html	服务简要
21	index.html		首页

7.4 项目实施

1. 实现返回到顶部的 JavaScript 文件，编辑 to-top.js 文件

```
var totop = $.cls("back-top")[0];
window.onscroll = function(){
  var t = document.documentElement.scrollTop || document.body.scrollTop;
  // 判断滚动距离
  if(t>=400){
```

```
            totop.style.display = "block";
    }else{
            totop.style.display = "none";
    }
}
// 单击添加事件
totop.onclick = function(){
    var t = document.documentElement.scrollTop || document.body.scrollTop;
    // 通过定时器回到顶部
    var timeId = setInterval(function(){
            t -= 30;
            document.documentElement.scrollTop = document.body.scrollTop = t;
            if(t<=0){
                clearInterval(timeId)
            }
    })
}
```

2. 编辑封装公共 DOM 元素的 get-dom.js 文件

```
var $ = {
    id:function(id){
        return document.getElementById(id);
    },
    cls:function(clsName){
        return document.getElementsByClassName(clsName);
    },
    tag:function(tagName){
        return document.getElementsByTagName(tagName);
    }
}
```

3. 编辑公共 CSS 样式 common.css 和重置样式 reset.css 文件

（1）common.css 样式，代码如下。

```
.nav-box{
    width: 100%;
    height: 60px;
}
.nav-box>h2{
    position: absolute;
    left: 50px;
    font-size: 38px;
    line-height: 60px;
    font-weight: bold;
    /* 文字渐变 */
    background: linear-gradient(to right, #3b7406, #79e76b);
    -webkit-background-clip: text;
    color: transparent;
```

```
}
.nav-box>ul{
    height: 60px;
    margin-right: 5%;
    border-bottom: 1px solid #8bc34a;
    display: flex;
    justify-content: flex-end;
}
.nav-box>ul>li{
    width: 80px;
    height: 56px;
    line-height: 56px;
    text-align: center;
    margin: 0 15px;
}
.nav-box>ul>li>a.current{
    border-bottom: 5px solid #8bc34a;
    color: #8bc34a;
}
.nav-box>ul>li>a{
    display: block;
}
.nav-box>ul>li>a:hover{
    border-bottom: 5px solid #8bc34a;
    color: #8bc34a;
}
/* 导航标题样式 */
.intr-title{
    width: 100%;
    height: 80px;
}
.intr-title>a{
    color: #000;
    display: block;
    width: 180px;
    height: 80px;
    line-height: 80px;
    background-image: url(../img/logo.jpg);
    background-repeat: no-repeat;
    background-position: left center;
    background-size: 40px 40px;
    margin: auto;
    text-indent: 50px;
    font-size: 30px;
    font-family: "宋体";
}
/* 导航下面的图片样式 */
.purify{
```

```
    width: 100%;
    height: 300px;
    background-repeat: no-repeat;
    background-size: 100%;
}
/* 底部 */
footer{
    width: 100%;
    /* height: 200px; */
    margin: auto;
    /* margin-top: 20px; */
    background-color: #3A3A3A;
}
.foo-bottom{
    width: 1000px;
    margin: auto;
    overflow: hidden;
}
.foo-bottom>h1{
    line-height: 70px;
    color: #fff;
    float: left;
    margin-top: 70px;
}
.foo-bottom>ul{
    font-size: 14px;
    width: 550px;
    line-height: 30px;
    float: right;
    color: #ccc;
    margin-top: 30px;
}
.foo-bottom>ul>li{
    float: right;
    width: 270px;
}
footer>p{
    text-align: center;
    font-size: 12px;
    color: #838383;
    line-height: 20px;
    margin-top: -20px;
}
footer>p>a{
        color: #838383;
}
/* 回到顶部 */
.back-top{
```

```
    position: fixed;
    width: 50px;
    height: 50px;
    right: 57px;
    bottom: 50px;
    display: none;
    opacity: 1;
    background-image: url(../img/03.png);
    z-index: 99;
}
.back-top>a{
    display: block;
    width: 50px;
    height: 50px;
}
```

（2）reset.css 样式的代码如下。

```
html, body, div, span, applet, object, iframe,
 h2, h3, h4, h5, h6, p, blockquote, pre,
a, abbr, acronym, address, big, cite, code,
del, dfn, em, img, ins, kbd, q, s, samp,
small, strike, strong, sub, tt, var,
b, u, i, center,
dl, dt, dd, ol, ul, li,
fieldset, form, label, legend,
table, caption, tbody, tfoot, thead, tr, th, td,
article, aside, canvas, details, embed,
figure, figcaption, footer, header, hgroup,
menu, nav, output, ruby, section, summary,
time, mark, audio, video {
    margin: 0;
    padding: 0;
    border: 0;
    font: inherit;
    vertical-align: baseline;
}
/* HTML5 display-role reset for older browsers */
article, aside, details, figcaption, figure,
footer, header, hgroup, menu, nav, section {
    display: block;
}
body {
    line-height: 1;
}
a{
    text-decoration: none;
    color: #000;
}
ol, ul {
```

```
    list-style: none;
}
blockquote, q {
    quotes: none;
}
q:before, q:after {
    content: '';
    content: none;
}
```

4. 制作首页页面

（1）搭建网页

编辑 index.html 文件，引入对应的 index.css 和 JavaScript 文件，包括<meta/>标签中的关键字、描述、内容等，代码如下。

```
<!DOCTYPE html>
<html>
  <head>
        <meta charset="utf-8">
        <title>绿色世界网站</title>
        <meta name="keywords" content="环保小事，行动从你我他开始" />
        <meta name="description" content="环保，能让世界变得干净。春天来了，大地万物开始苏醒，一片片生机盎然的树木，让我们每个人在心中都产生一份爱，那就是对绿色的热爱。" />
        <meta name="renderer" content="webkit">
        <link rel="icon" href="../img/logo.jpg">
        <link rel="stylesheet" type="text/css" href="css/reset.css" />
        <link rel="stylesheet" type="text/css" href="css/common.css" />
        <link rel="stylesheet" type="text/css" href="css/index.css" />
  </head>
  <body>
        <!-- 页面内容展示部分 -->
</body>
  <script src="js/get-dom.js" type="text/javascript" charset="utf-8"></script>
  <script src="js/index.js" type="text/javascript" charset="utf-8"></script>
  <script src="js/to-top.js" type="text/javascript" charset="utf-8"></script>
</html>
```

（2）制作轮播图部分

轮播图包括标题、导航、描述、标志语、按钮。代码如下。

```
<div class="top-box">
  <!-- 轮播图 -->
  <div class="imgs" id="imgs">
      <img class="show imglist" src="./img/bn1.jpg" />
      <img src="./img/bn2.jpg" class="imglist" />
  </div>
  <ul id="points" class="points">
      <li class="active"></li>
```

```
            <li></li>
        </ul>
        <div class="nav-box">
            <h1 align="center">爱护环境，行动从你我他开始</h1>
            <ul>
                <li><a class="current" href="index.html">首页</a></li>
                <li><a href="airPur.html">空气净化</a></li>
                ...
            </ul>
            <div class="nav-desc">
                <h1 align="center">
                    <font color="#fff">绿色时代</font>
                    <font color="#8bc34a">环保时代</font>
                </h1>
                <div class="advocate">
                    <p>树木正在为净化空气而加班加点，请不要让绿色工厂倒闭</p>
                    <a href="#">VIEW MORE</a>
                </div>
            </div>
        </div>
    </div>
```

编辑 index.css 文件，实现轮播图样式，代码如下。

```
/* 轮播图样式 */
.top-box{
    width: 100%;
    position: relative;
    margin: auto;
}
.nav-box>ul{
    margin-right: 0px;
}
.imgs {
    width: 100%;
    height: 800px;
    margin: 0px auto;
    overflow: hidden;
}
.imgs img {
    width: 100%;
    height: 800px;
    display: none;
}

.imgs .show {
    display: block;
}
#points {
```

```
    width: 130px;
    margin: 0 auto;
    position: absolute;
    bottom: 20px;
    left: 50%;
    margin-left: -70px;
    display: flex;
    justify-content: space-between;
    align-items: center;
}
#points li {
    list-style: none;
    width: 60px;
    height: 2px;
    background-color: #ADADAD;
}
#points li:hover {
    background-color: #fff;
    cursor: pointer;
}
#points .active {
    background-color: #fff;
    height: 5px;
    cursor: pointer;
}
/* 头部导航内容 */
.nav-box{
    position: absolute;
    height: 600px;
    background-color: rgba(0,0,0,0.3);
    top: 0;
    left: 0;
    padding-top: 20px;
}
.nav-ox>ul>li>a{
    color: #fff;
}
.nav-box>ul{
    margin-top: 30px;
}
.nav-box>h1{
    color: #8bc34a;
    font-size: 40px;
    text-shadow: 2px 2px 5px #fff;
}
.nav-desc>h1{
    font-size: 80px;
    margin-top: 80px;
```

```
}
.advocate{
    text-align: center;
    color: #fff;
}
.advocate>p:nth-child(1){
    font-size: 40px;
    font-family: "宋体";
    font-weight: bold;
    margin-top: 80px;
}
.advocate>a{
    display: block;
    width: 160px;
    height: 50px;
    margin: auto;
    margin-top: 55px;
    text-align: center;
    line-height: 50px;
    background-color: #fff;
    border: 1px solid #8bc34a;
    border-radius: 30px;
    color: #8bc34a;
    font-size: 20px;
}
.item-box{
    width: 100%;
    height: auto;
    padding-top: 20px;
    background-color: #f6f6f6;
}
```

编辑 index.js 文件，实现轮播图功能，代码如下。

```
// 轮播图
//记录当前索引
var index = 0;
//通过获取 id 获取图片容器
var imgsBox = $.id("imgs");
//通过获取标签获取容器下的图片
var pics = imgsBox.getElementsByTagName("img");
var pointBox = $.id("points");
//通过获取标签获取容器下的图片
var points = pointBox.getElementsByTagName("li");
//单击指示点时切换图片
for (let i = 0; i < pics.length; i++) {
    //绑定指示点单击事件
    points[i].onclick = function() {
            for (var j = 0; j < pics.length; j++) {
```

```
                //清除当前图片、指示点**类
                points[j].className = "";
                pics[j].className = "";
            }
            //给当前图片、指示点添加**类
            pics[i].className = "show";
            this.className = "active";
            index = i;
    }
}
//自动轮播
var Vet = setInterval(function() {
    lunbo()
}, 3000);

function lunbo() {
    for (var j = 0; j < pics.length; j++) {
        pics[j].className = "";
        points[j].className = ""
    }
    if (index == 0) {
        index = index + 1;
    } else {
        index = 0;
    }
    pics[index].className = "show";
    points[index].className = "active";
}
```

（3）制作服务介绍部分

服务介绍由 3 个模块组成，每个模块的切换由选项卡功能实现，通过 flex 布局展示每个模块对应的数据列表，代码如下。

```
<div class="item-box">
    <div class="server-intr">
        <div class="intr-title">
            <a href="#">服务介绍</a>
        </div>
        <ul class="server-sort">
            <li class="active"><span>垃圾分类</span></li>|
            <li><span>植树造林</span></li>|
            <li><span>污水处理</span></li>
        </ul>
        <div class="sort-content">
            <ul class="list">
                <li class="img-text">
                    <p><img src="img/s1.jpg"></p>
                    <span>废弃轮胎</span>
                </li>
```

```
                    <li class="img-text">
                        <p><img src="img/s2.jpg"></p>
                        <span>废弃电池</span>
                    </li>
                    …
                </ul>
                <ul class="list">
                    <li class="img-text">
                        <p><img src="img/b1.jpg"></p>
                        <span>户外植树</span>
                    </li>
                    <li class="img-text">
                        <p><img src="img/b2.jpg"></p>
                        <span>绿化城市</span>
                    </li>
                    …
                </ul>
                <ul class="list">
                    <li class="img-text">
                        <p><img src="img/w1.jpg"></p>
                        <span>农林废水</span>
                    </li>
                    <li class="img-text">
                        <p><img src="img/w2.jpg"></p>
                        <span>工厂污水</span>
                    </li>
                    …
                </ul>
            </div>
        </div>
    </div>
```

服务介绍部分的 CSS 样式如下。

```
/* 服务介绍 */
.server_intr{
    width: 1000px;
    margin: auto;
}
.intr_title{
    border-bottom: 1px solid #999;
}
/* 选项卡部分 */
.server-intr{
    width: 1000px;
    margin: auto;
}
.intr-title{
    border-bottom: 1px solid #999;
}
```

```
/* 选项卡部分 */
.server-sort{
    width: 1000px;
    margin: 30px auto;
    display: flex;
    justify-content: flex-start;
    color: #747474;
}
.server-sort>li{
    padding: 0 10px;
    height: 35px;
    text-align: center;
    margin:0px 20px;
    cursor: pointer;
}
.server-sort>li>span{
    display: block;
    height: 20px;
}
.server-sort>li.active{
    border-bottom: 2px solid #8bc34a;
    color: #8bc34a;
}
.sort-content{
    width: 1000px;
    height: 450px;
}
.list{
    width: 1000px;
    height: 280px;
    display: none;
}
.list:nth-child(1){
    display: block;
}
.img-text{
    width: 230px;
    height: 280px;
    margin-right: 20px;
    text-align: center;
    line-height: 30px;
    float: left;
}
.img-text>p{
    width: 230px;
    height: 250px;
    overflow: hidden;
    border: 0.5px solid #efefef;
```

```
}
.img-text>p>img{
    width: 230px;
    height: 250px;
}
.img-text>p>img:hover{
    transform: scale(1.3);
    transition: all 0.3s ease 0s;
}
```

编辑 index.js 文件，实现选项卡功能，代码如下。

```
// 服务介绍选项卡功能
var tab = $.cls("server-sort")[0].children;
var divCon = $.cls("sort-content")[0].children;
// var div = box.getElementsByTagName('div');
for (var i = 0; i < tab.length; i++) { //循环遍历 onclick 事件
    tab[i].index = i; //input[0].index=0 index 是自定义属性
    tab[i].onclick = function() {
            for (var i = 0; i < tab.length; i++) { //通过循环遍历去掉 button 样式并隐藏 div
                    tab[i].className = '';
                    divCon[i].style.display = 'none';
            };
            this.className = 'active'; //当前按钮添加样式
            divCon[this.index].style.display = 'block';
    };
};
```

（4）制作数据信息部分

数据信息模块的背景是图片，可以通过列表结合定位的方法实现设计，代码如下。

```
<div class="mend">
    <div class="men_intr">
            <ul>
                    <li>
                            <p>9882 <sup>N</sup></p>
                            <span>垃圾分类改造发现</span>
                    </li>
                    |
                    ...
            </ul>
    </div>
</div>
```

数据信息部分的 CSS 样式如下。

```
/* 数据统计部分 */
.mend{
    width: 100%;
    height: 400px;
    background-image: url(../img/pb.jpg);
    background-repeat: no-repeat;
    background-position: top center;
```

```
    background-size: 100% 100%;
    position: relative;
}
.men_intr{
    width: 1000px;
    height: 180px;
    background-color: #fff;
    box-shadow: 0px 0px 5px #ccc;
    margin: auto;
    position: absolute;
    top: -90px;
    left: 50%;
    margin-left: -500px;
    border-radius: 10px;
}
.men_intr>ul{
    width: 900px;
    height: 120px;
    margin: 30px auto;
    display: flex;
    justify-content: space-around;
    align-items: center;
    color: #a6a6a6;
}
.men_intr>ul>li{
    text-align: center;
}
.men_intr>ul>li>p{
    color: #000;
    font-size: 30px;
    text-indent: .5em;
}
.men_intr>ul>li>p>sup{
    font-size: 14px;
    color: #8bc34a;
}
.men_intr>ul>li>span{
    display: block;
    margin-top: 15px;
}
```

（5）制作“关于我们”部分

此部分主要由图文及按钮组成，代码如下。

```
<div class="about-us">
  <div class="intr-title">
        <a href="javascript:;">关于我们</a>
  </div>
  <div class="about-content">
```

```
            <div class="about-left">
                <img src="img/usi.jpg">
            </div>
            <div class="intr-right">
                <h3>一直秉承“哪里有‘难’，我们去哪里改造”的理念</h3>
                <p>
                    记忆中的小桥流水，记忆中的青山绿水、白云蓝天已渐渐离我们远去。我们赖以生存的地球
正在恶化……
                </p>
                <button><a href="news.html">了解更多</a></button>
            </div>
        </div>
    </div>
```

“关于我们”部分的 CSS 样式如下。

```
/* 关于我们 */
.ab-us{
  width: 100%;
  height: 500px;
  background: url(../img/bg.jpg) no-repeat;
}
.ab-us>.intr-title{
  border-bottom: none;
}
.ab-us>.intr-title>a{
  border-bottom: 2px solid #8bc34a;
}
.about-content{
  width: 1000px;
  height: 330px;
  margin: 40px auto;
  display: flex;
  justify-content: flex-start;
}
.about-left{
  width: 450px;
  height: 300px;
  margin-right: 50px;
  overflow: hidden;
}
.about-left>img{
  width: 450px;
  height: 300px;
  transition: all 0.3s ease 0s;
  cursor: pointer;
}
.about-left>img:hover{
  transform: scale(1.3);
```

```
}
.intr-right{
    width: 500px;
    height: 300px;
}
.intr-right>h3{
    font-weight: bold;
    line-height: 30px;
}
.intr-right>h3:hover{
    color: #00B400;
    cursor: pointer;
}
.intr-right>p{
    font-size: 15px;
    line-height: 30px;
    color: #A9A9A9;
    margin-top: 20px;
    text-indent: 2em;
}
.intr-right>button{
    width: 120px;
    height: 40px;
    border: none;
    background-color: #00b400;
    color: #fff;
    text-align: center;
    line-height: 40px;
    border-radius: 3px;
    box-shadow: 0px 0px 3px #333;
    cursor: pointer;
    margin-top: 30px;
}
.intr-right>button>a{
    color: #fff;
    font-size: 15px;
    display: block;
}
```

（6）制作志愿活动部分

志愿活动部分主要由标题、列表、图片与文字组成，通过样式设置实现各种文字效果。

```
<div class="vol">
    <div class="intr-title">
        <a href="#">志愿活动</a>
    </div>
    <div class="vol-content">
        <div class="vol-box">
            <ul>
```

```
                    <li>
                        <img src="./img/v1.png">
                        <div class="title-box">
                            <h3>生活污水处理工程</h3>
                            <p>成都市 XX 大学东区，位于成都郫都区高新路</p>
                        </div>
                    </li>
                    ...
                </ul>
            </div>
        </div>
    </div>
```

志愿活动部分的 CSS 样式如下。

```
/* 志愿活动 */
.vol{
  width: 100%;
}
.vol>.intr-title{
  border-bottom: none;
}
.vol>.intr-title>a{
  border-bottom: 2px solid #8bc34a;
}
.vol-content{
  width: 100%;
  height: 300px;
  background: url(../img/nav.jpg) no-repeat;
  margin-top: 200px;
  position: relative;
}
.vol-box{
  width: 1000px;
  height: 400px;
  margin: auto;
  position: absolute;
  top: -160px;
  left: 50%;
  margin-left: -500px;
}
.vol-box>ul{
  width: 100%;
  height: 380px;
  display: flex;
  justify-content: space-around;
}
.vol-box>ul>li{
  width: 300px;
```

```
    height: 380px;
    text-align: center;
    background-color: #fff;
}
.vol-box>ul>li>img{
    width: 220px;
    height: 220px;
    margin-bottom: 40px;
    margin-top: 20px;
}
.title-box>h3{
    font-weight: bold;
    padding-left: 20px;
}
.title-box>p{
    line-height: 25px;
    font-size: 15px;
    padding: 0 20px;
    text-align: left;
    margin-top: 20px;
    color: #A9A9A9;
    overflow: hidden;
    text-overflow: ellipsis;
    white-space: nowrap;
}
```

（7）制作页脚部分

页脚主要由标题、列表、超链接组成。

```
<footer>
  <div class="foo-bottom">
      <h1>绿色行动</h1>
      <ul>
          <li>联系地址：XX 省 XX 市 XX 县 XX 路 XX 号</li>
          <li>联系邮箱：xxx@xx.com</li>
          <li>联系电话：020-000000</li>
          <li>联系 QQ：258xx508</li>
      </ul>
  </div>
      <p>
      <a href="javascript:;">联系我们</a> |
      <a href="javascript:;">版权所有</a> |
      <a href="javascript:;">ICP 备案</a>|
      <a href="javascript:;">志愿活动</a> |
      <a href="javascript:;">法律声明</a> |
      <a href="javascript:;">环保方案</a>
      </p>
</footer>
```

页脚部分的 CSS 样式如下。

```
/* 页脚 */
  /* 底部 */
  footer{
    width: 100%;
    margin: auto;
    background-color: #3A3A3A;
  }
  .foo-bottom{
    width: 1000px;
    margin: auto;
    overflow: hidden;
  }
  .foo-bottom>h1{
    line-height: 70px;
    color: #fff;
    float: left;
    margin-top: 70px;
  }
  .foo-bottom>ul{
    font-size: 14px;
    width: 550px;
    line-height: 30px;
    float: right;
    color: #ccc;
    margin-top: 30px;
  }
  .foo-bottom>ul>li{
    float: right;
    width: 270px;
  }
  footer>p{
    text-align: center;
    font-size: 12px;
    color: #838383;
    line-height: 20px;
    margin-top: -20px;
  }
  footer>p>a{
        color: #838383;
}
```

（8）制作“回到顶部”部分

“回到顶部”由超链接实现。

```
<!-- 回到顶部 -->
<div class="back-top">
  <a href="#" title="回到顶部"></a>
</div>
```

编辑 to-top.js 文件，实现“回到顶部”功能，代码如下。

```
var totop = $.cls("back-top")[0];
window.onscroll = function(){
```

```
    var t = document.documentElement.scrollTop || document.body.scrollTop;
    // 判断滚动距离
    if(t>=400){
        totop.style.display = "block";
    }else{
        totop.style.display = "none";
    }
}
// 单击添加事件
totop.onclick = function(){
    var t = document.documentElement.scrollTop || document.body.scrollTop;
    // 通过定时器回到顶部
    var timeId = setInterval(function(){
        t -= 30;
        document.documentElement.scrollTop = document.body.scrollTop = t;
        if(t<=0){
            clearInterval(timeId)
        }
    })
}
```

5. 制作空气净化页面

（1）搭建网页

编辑 air-pur.html 文件，引入对应的 air-pur.css 文件，包括<meta/>标签中的关键字、描述、内容等，代码与 index.html 文件的区别体现在引入部分，代码如下。

```
<!DOCTYPE html>
<html>
    <head>
    <meta charset="utf-8">
        <title>空气净化</title>
        <meta name="keywords" content="环保小事，行动从你我他开始" />
        <meta name="description" content="环保，能让世界变得干净。春天来了，大地万物开始苏醒，一片片生机盎然的树木，让我们每个人在心中都产生一份爱，那就是对绿色的热爱。" />
        <meta name="renderer" content="webkit">
        <link rel="icon" href="../img/logo.jpg">
        <link rel="stylesheet" type="text/css" href="../css/reset.css"/>
        <link rel="stylesheet" type="text/css" href="../css/common.css"/>
        <link rel="stylesheet" type="text/css" href="../css/air-pur.css"/>
    </head>
    <body>
        <!-- 页面内容展示部分 -->
    </body>
<script src="../javascript/get-dom.js" type="text/javascript" charset="utf-8"></script>
<script src="../javascript/to-top.js" type="text/javascript" charset="utf-8"></script>
</html>
```

（2）制作净化案例部分

净化案例与模块展示图片的实现代码如下。

```
<div class="purify"></div>
<div class="air-content">
  <div class="intr-title">
        <a href="#">净化案例</a>
  </div>
  <div class="air-intr">
        <div class="air-img">
              <img src="../img/j2.jpg">
        </div>
        <div class="air-desc">
              <h1>XXXX 有限公司污水治理项目</h1>
              <p>
                    XX 有限公司是一家从事酸性染料研发、生产与销售的专业企业。我们为 XXXX 有限公司提
供系统化的解决方案……
              </p>
              <a href="#">MORE</a>
        </div>
  </div>
  <div class="air-intr">
        <div class="air-img">
              <img src="../img/s2.jpg">
        </div>
        <div class="air-desc">
              <h1>XX 环保公司重金属治理项目</h1>
              <p>
                    XX 有限公司是一家从事重金属研发、生产与销售的专业企业。我们为 XXXX 有限公司提供
系统化的解决方案……
              </p>
              <a href="#">MORE</a>
        </div>
  </div>
</div>
```

净化案例 CSS 样式如下。

```
.purify{
 background-image: url(../img/usi.jpg);
}
.air-content{
 margin-top: 20px;
}
.intr-title>a{
 border-bottom: 3px solid #8bc34a;
}
.air-intr{
 width: 1000px;
 height: 400px;
 margin: 60px auto 20px;
```

```
    display: flex;
    justify-content: flex-start;
  }
  .air-img{
    width: 500px;
    height: 450px;
  }
  .air-img>img{
    width: 500px;
    height: 380px;
    border: 0.5px solid #ccc;
  }
  .air-desc{
    flex: 1;
    margin-left: 40px;
  }
  .air-desc>p{
    line-height: 30px;
    text-indent: 2em;
    color: #929292;
    font-size: 15px;
    margin-top: 30px;
  }
  .air-desc>p:hover{
    color: #2291F7;
    cursor: pointer;
  }
  .air-desc>a{
    display: block;
    width: 120px;
    height: 48px;
    background-color: #00B400;
    color: #ffff;
    text-align: center;
    line-height: 48px;
    border-radius: 10px;
    margin-top: 30px;
    font-size: 24px;
    box-shadow: 0px 0px 5px #00B400;
  }
```

6. 制作节约用水页面

（1）搭建网页

编辑 save-water.html 文件，引入对应的 save-water.css 文件，包括<meta />标签中的关键字、描述、内容等，代码与 index.html 文件的区别体现在引入部分，代码如下。

```
<!DOCTYPE html>
<html>
  <head>
        <meta charset="utf-8">
```

```
        <title>节约用水</title>
        <meta name="keywords" content="环保小事，行动从你我他开始" />
        <meta name="description" content="环保，能让世界变得干净。春天来了，大地万物开始苏醒，一片
片生机盎然的树木，让我们每个人在心中都产生一份爱，那就是对绿色的热爱。" />
        <meta name="renderer" content="webkit">
        <link rel="icon" href="../img/logo.jpg">
        <link rel="stylesheet" type="text/css" href="../css/reset.css"/>
        <link rel="stylesheet" type="text/css" href="../css/common.css"/>
        <link rel="stylesheet" type="text/css" href="../css/save-water.css"/>
    </head>
    <body>
        <!-- 页面内容展示部分 -->
    </body>
<script src="../javascript/get-dom.js" type="text/javascript" charset="utf-8"></script>
<script src="../javascript/to-top.js" type="text/javascript" charset="utf-8"></script>
</html>
```

（2）制作节约用水案例部分

实现节约用水案例与展示图片的代码如下。

```
<div class="purify"></div>
<div class="rubbish">
  <div class="intr-title">
        <a href="#">节约用水</a>
  </div>
  <div class="water-box">
        <ul>
              <li>
                    <img src="../img/w1.png" />
                    <p class="cityname">XXX 县控制水量避免浪费</p>
                    <p class="slogan">口号：水孕育并维持着地球上的生命，谁来关爱水的生命</p>
              </li>
              <li>
                    <img src="../img/w2.png" />
                    <p class="cityname">XXX 县控制水量，避免浪费</p>
                    <p class="slogan">口号：浪水费水之举不可有，节水俭水之心不可无。</p>
              </li>
              ...
        </ul>
  </div>
</div>
```

节约用水案例 CSS 样式如下。

```
.purify{
  background-image: url(../img/bn1.jpg);
}
.water-box{
  width: 1000px;
  /* height: 400px; */
  margin: 20px auto;
}
```

```
.water-box>ul{
  width: 100%;
  height: 100%;
  display: flex;
  justify-content: space-around;
  flex-wrap: wrap;
}
.water-box>ul>li{
  width: 230px;
  height: 350px;
  background-color: #f6f6f6;
  /* margin-right: 20px; */
  margin: 0px 20px 20px 0px;
  cursor: pointer;
  text-align: center;
}
.water-box>ul>li:hover{
  background-color: #fff;
  box-shadow: 0px 0px 5px #AFAFAF;
}
.water-box>ul>li>img{
  width: 180px;
  height: 180px;
  border-radius: 50%;
  display: block;
  margin: auto;
  margin-top: 30px;
}
.cityname{
  line-height: 65px;
  padding: 0 15px;
}
.slogan{
  color: #747474;
  line-height: 25px;
  font-size: 15px;
  padding: 0 15px;
}
```

7. 制作园林景观页面

（1）搭建网页

编辑 park-view.html 文件，引入对应的 park-view.css 文件，包括<meta/>标签中的关键字、描述、内容等，代码与 index.html 文件的区别体现在引入部分，代码如下。

```
<!DOCTYPE html>
<html>
 <head>
        <meta charset="utf-8">
        <title>园林景观</title>
        <meta name="keywords" content="环保小事，行动从你我他开始" />
```

```
            <meta name="description" content="环保，能让世界变得干净。春天来了，大地万物开始苏醒，一片片生机盎然的树木，让我们每个人在心中都产生一份爱，那就是对绿色的热爱。" />
            <meta name="renderer" content="webkit">
            <link rel="icon" href="../img/logo.jpg">
            <link rel="stylesheet" type="text/css" href="../css/reset.css"/>
            <link rel="stylesheet" type="text/css" href="../css/common.css"/>
            <link rel="stylesheet" type="text/css" href="../css/park-view.css"/>
    </head>
    <body>
            <!-- 页面内容展示部分 -->
    </body>
  <script src="../javascript/get-dom.js" type="text/javascript" charset="utf-8"></script>
  <script src="../javascript/to-top.js" type="text/javascript" charset="utf-8"></script>
  </html>
```

（2）制作园林景观案例部分

实现节约用水案例与展示图片的代码如下。

```
  <div class="purify"></div>
  <div class="park">
    <div class="intr-title">
            <a href="#">景观摘要</a>
    </div>
    <div class="park-box">
            <ul>
                    <li>
                            <h1>保护自然 · 保护环境</h1>
                            <p>
                                    XXXX 有限公司成立于 2009 年，是一家专业从事环境技术和环境工程咨询、设计、研发、制造、施工、运营管理的公司……
                            </p>
                            <p>
                                    秉承“关爱生命，保护环境，预防为主，持续改进”的经营理念，并以“质量是企业的生命力”…….
                            </p>
                    </li>
                    <li>
                            <img src="../img/p1.jpg">
                    </li>
            </ul>
    </div>
  </div>
  <div class="build-park">
    <div class="intr-title">
            <a href="#">建筑园林</a>
    </div>
    <div class="park-box build-box">
            <ul>
                    <li>
```

```
                <img src="../img/p2.jpg">
                <img src="../img/arrow.png" class="arrow" />
            </li>
            <li>
                <h1>魅力建筑，净化园林</h1>
                <p>
                    除了亭台楼阁，花草树木，雕塑小品，还有各种新型材料，废品利用等。园林在造景上
必须是美的……
                </p>
            </li>
        </ul>
    </div>
   </div>
```

园林景观案例 CSS 样式如下。

```
.purify{
  height: 560px;
  background-image: url(../img/tr.jpg);
  background-position: top center;
}
.intr-title>a {
  border-bottom: 3px solid #8bc34a;
}
.park-box{
  width: 1000px;
  margin: 65px auto 20px;
}
.park-box>ul{
  width: 100%;
  height: 100%;
  display: flex;
  justify-content: flex-start;
}
.park-box>ul>li:nth-child(1){
  width: 600px;
}
.park-box>ul>li>h1{
  color: #00B400;
  margin-bottom: 30px;
}
.park-box>ul>li>p{
  color: #A6A6A6;
  line-height: 30px;
}
.park-box>ul>li>p:hover{
  color: #000000;
  cursor: pointer;
}
.park-box>ul>li:nth-child(2){
```

```
    width: 500px;
    /* height: 300px; */
    margin-left: 30px;
    overflow: hidden;
  }
  .park-box>ul>li:nth-child(2)>img{
    width: 500px;
    height: 300px;
  }
  .park-box>ul>li:nth-child(2)>img:hover{
    transform: scale(1.2);
    transition: all 0.3s ease 0s;
  }
  /* 建筑园林 */
  .build-park{
    width: 1000px;
    margin: auto;
    margin-bottom: 50px;
  }
  .build-box>ul>li:nth-child(1){
    width: 650px;
    height: 350px;
    position: relative;
    overflow: hidden;
  }
  .build-box>ul>li:nth-child(1)>img:nth-child(1){
    width: 650px;
    height: 350px;
    border: 1px solid #cfcfcf;
  }
  .build-box>ul>li:nth-child(1)>img:nth-child(1):hover{
    transform: scale(1.2);
    transition: all 0.3s ease 0s;
  }
  .arrow{
    position: absolute;
    right: -35px;
    top: -15px;
    width: 87px;
    height: 150px;
    transform: rotate(90deg);
  }
  .build-box>ul>li>h1{
    color: #a5814c;
    margin-top: 40px;
  }
```

8. 制作服务简要页面

（1）搭建网页

编辑 server.html 文件，引入对应的 server.css 文件，包括<meta />标签中的关键字、描述、内容等，代码与 index.html 文件的区别体现在引入部分，代码如下。

```
<!DOCTYPE html>
<html>
 <head>
       <meta charset="utf-8">
       <title>服务简要</title>
       <meta name="keywords" content="环保小事，行动从你我他开始" />
       <meta name="description" content="环保，能让世界变得干净。春天来了，大地万物开始苏醒，一片片生机盎然的树木，让我们每个人在心中都产生一份爱，那就是对绿色的热爱。" />
       <meta name="renderer" content="webkit">
       <link rel="icon" href="../img/logo.jpg">
       <link rel="stylesheet" type="text/css" href="../css/reset.css"/>
       <link rel="stylesheet" type="text/css" href="../css/common.css"/>
       <link rel="stylesheet" type="text/css" href="../css/server.css"/>
 </head>
 <body>
       <!-- 页面内容展示部分 -->
 </body>
<script src="../javascript/get-dom.js" type="text/javascript" charset="utf-8"></script>
<script src="../javascript/server.js" type="text/javascript" charset="utf-8"></script>
</html>
```

（2）制作服务简要选项卡部分

实现服务简要页面的环保工程、大气工程、水处理工程选项卡的代码如下。

```
<div class="purify"></div>
<div class="server-box">
 <ul class="server_proj">
       <li class="active">环保工程</li>
       <li>大气工程</li>
       <li>水处理工程</li>
 </ul>
 <div class="server-content">
       <div class="list">
             <img src="../img/ser1.jpg" title="土壤污染修复">
             …
       </div>
       <div class="list">
             <p>
                   <img src="../img/q1.jpg" title="烟气脱硫工程">
                   …
             </p>
       </div>
       <div class="list">
```

```
                <div>
                    <img src="../img/sh1.jpg" title="工厂废水处理">
                    ...
                </div>
            </div>
        </div>
    </div>
```

服务简要页面 CSS 样式如下。

```
.purify{
  background-image: url(../img/server.jpg);
}
.server-box{
  width: 1000px;
  margin: 10px auto 50px;
  overflow: hidden;
}
.server-box>.server_proj{
  width: 400px;
  height: 45px;
  margin: 30px auto;
  display: flex;
  justify-content: space-between;
}
.server-box>.server_proj>li{
  width: 120px;
  height: 45px;
  text-align: center;
  line-height: 45px;
  cursor: pointer;
}
.server-box>.server_proj>.active{
  background-color: #008000;
  color: #fff;
}
.server-content{
  width: 100%;
}
.list{
  width: 100%;
  overflow: hidden;
  display: flex;
  justify-content: flex-start;
  flex-wrap: wrap;
  display: none;
}
.list:nth-child(1){
  display: block;
}
```

```
.list>img{
  width: 310px;
  margin-right: 20px;
  height: 240px;
  margin-top: 20px;
}
.list>img:nth-child(2){
  width: 640px;
}
.list>p{
  width: 100%;
}
.list>p>img:nth-child(1){
  width: 330px;
  height: 480px;
  float: left;
}
.list>p>img:nth-child(2n){
  width: 350px;
  height: 230px;
  float: left;
}
.list>p>img{
  width: 260px;
  height: 230px;
  margin: 0 20px 20px 0px;
}
.list>div>img{
  width: 310px;
  height: 240px;
  float: left;
  margin: 0 20px 20px 0px;;
}
.list>div>img:nth-child(4){
  width: 640px;
}
```

编辑 server.js 文件，实现选项卡功能。代码如下。

```
var tab = $.cls("server_proj")[0].children;
var divCon = $.cls("server-content")[0].children;
// var div = box.getElementsByTagName('div');
for (var i = 0; i < tab.length; i++) { //循环遍历 onclick 事件
   tab[i].index = i; //input[0].index=0 index 是自定义属性
   tab[i].onclick = function() {
        for (var i = 0; i < tab.length; i++) { //通过循环遍历去掉 button 样式并隐藏 div
              tab[i].className = '';
              divCon[i].style.display = 'none';
        };
        this.className = 'active'; //当前按钮添加样式
```

```
            divCon[this.index].style.display = 'block';
        };
    };
```

9. 制作动态新闻页面

（1）搭建网页

编辑 news.html 文件，引入对应的 news.css 文件，包括<meta />标签中的关键字、描述、内容等，代码与 index.html 文件的区别体现在引入部分，代码如下。

```
<!DOCTYPE html>
<html>
  <head>
        <meta charset="utf-8">
        <title>动态新闻</title>
        <meta name="keywords" content="环保小事，行动从你我他开始" />
        <meta name="description" content="环保，能让世界变得干净。春天来了，大地万物开始苏醒，一片片生机盎然的树木，让我们每个人在心中都产生一份爱，那就是对绿色的热爱。" />
        <meta name="renderer" content="webkit">
        <link rel="icon" href="../img/logo.jpg">
        <link rel="stylesheet" type="text/css" href="../css/reset.css"/>
        <link rel="stylesheet" type="text/css" href="../css/common.css"/>
        <link rel="stylesheet" type="text/css" href="../css/news.css"/>
  </head>
  <body>
        <!-- 页面内容展示部分 -->
  </body>
<script src="../javascript/get-dom.js" type="text/javascript" charset="utf-8"></script>
<script src="../javascript/to-top.js" type="text/javascript" charset="utf-8"></script>
</html>
```

（2）制作新闻列表部分

实现新闻列表的代码如下。

```
<div class="purify"></div>
<div class="news">
    <div class="intr-title">
        <a href="javasc:;">新闻列表</a>
    </div>
    <div class="news-box">
        <ul>
            <li>
                <div class="news-left">
                    <span>06</span>
                    <p>2020/06</p>
                </div>
                <div class="news-right">
                    <a>资源回收利用政策梳理</a>
                    <p>作为循环经济不可或缺的组成部分，再生资源回收产业的发展的重要性不言而喻。</p>
                    <p>从行业来看，我国已将资源循环利用产业列入战略性新兴产业。平均每吨塑料垃圾，
```

```
只有不到 10%得到有效回收利用；市场…</p>
                    </div>
                </li>
                ...
            </ul>
        </div>
    </div>
```

新闻列表 CSS 样式如下。

```
.purify{
  background-image: url(../img/news.jpg);
  background-size: 100% 100%;
}
.news{
  width: 100%;
  height: 800px;
  background-image: url(../img/bg.jpg);
  background-repeat: no-repeat;
  background-position: bottom center;
  background-size: 100% 100%;
}
.news>.intr-title>a{
  border-bottom: 3px solid #81bb24;
}
/* 新闻列表 */
.news-box{
  width: 1000px;
  margin: 20px auto;
}
.news-box>ul{
  width: 100%;
}
.news-box>ul>li{
  border-bottom: 1px dashed #cecece;
  width: 100%;
  height: 110px;
  margin-top: 20px;
  display: flex;
  justify-content: flex-start;
}
.news-left{
  width: 80px;
  height: 60px;
  background-color: #DFDFDF;
  text-align: center;
  padding-top: 20px;
}
.news-left:hover{
  background-color: #008000;
```

```
  color: #fff;
  cursor: pointer;
}
.news-left>span{
  font-size: 20px;
  line-height: 25px;
}
.news-left>p{
  font-size: 14px;
  color: #A6A6A6;
}
.news-right{
  margin-left: 20px;
}
.news-right>a{
  display: block;
  color: #232323;
  margin-bottom: 15px;
}
.news-right>a:hover{
  color: #008000;
  cursor: pointer;
}
.news-right>p{
  font-size: 15px;
  color: #a1a1a1;
  line-height: 25px;
}
```

10. 制作联系我们页面

（1）搭建网页

编辑 contact-us.html 文件，引入对应的 contact.css 文件，包括<meta />标签中的关键字、描述、内容等，代码与 index.html 文件的区别体现在引入部分，代码如下。

```
<!DOCTYPE html>
<html>
 <head>
        <meta charset="utf-8">
        <title>联系我们</title>
        <meta name="keywords" content="环保小事，行动从你我他开始" />
        <meta name="description" content="环保，能让世界变得干净。春天来了，大地万物开始苏醒，一片片生机盎然的树木，让我们每个人在心中都产生一份爱，那就是对绿色的热爱。" />
        <meta name="renderer" content="webkit">
        <link rel="icon" href="../img/logo.jpg">
        <link rel="stylesheet" type="text/css" href="../css/reset.css"/>
        <link rel="stylesheet" type="text/css" href="../css/common.css"/>
        <link rel="stylesheet" type="text/css" href="../css/contact.css"/>
 </head>
```

```
  <body>
      <!-- 页面内容展示部分 -->
  </body>
<script src="../javascript/get-dom.js" type="text/javascript" charset="utf-8"></script>
<script src="../javascript/to-top.js" type="text/javascript" charset="utf-8"></script>
</html>
```

（2）制作联系我们部分

联系我们页面实现代码如下。

```
<div class="purify"></div>
<div class="contact">
  <div class="title">
      <h1>联系我们</h1>
      <p>—— CONTACT US ——</p>
  </div>
  <div class="cont-desc">
      <p>环保是保持和发展生态平衡，扩大有用自然资源的再生</p>
      <p>
          产活动，能够协调人类与环境的关系
      </p>
  </div>
  <div class="link-content">
      <form class="link-form">
          <div class="link-input">
              <label>姓   名 <span>*</span></label>
              <input type="text" name="" class="yname" placeholder="姓名..." />
          </div>
          <div class="link-input">
              <label>手机号 <span>*</span></label>
              <input type="tel" name="" class="yphone" placeholder="手机号..." />
          </div>
          <div class="link-input">
              <label>邮   箱 <span>*</span></label>
              <input type="text" name="" class="yname" placeholder="邮箱..." />
          </div>
          <div class="link-input">
              <label>地   址 <span>*</span></label>
              <input type="text" name="" class="yname" placeholder="地址..." />
          </div>
          <input type="button" value="提交" />
      </form>
      <div class="customer">
          <img src="../img/link.jpg">
      </div>
  </div>
</div>
```

联系我们页面 CSS 样式如下。

```
.purify{
```

```
    background-image: url(../img/linkus.jpg);
    height: 300px;
    background-size: 100% 100%;
  }
  .contact>.title{
    width: 200px;
    margin: 30px auto;
    text-align: center;
  }
  .contact>.title>h1{
    color: #00B400;
  }
  .contact>.title>p{
    color: #AFAFAF;
  }
  .cont-desc{
    width: 1000px;
    margin: auto;
    margin-top: 50px;
  }
  .cont-desc>p{
    width: 500px;
    text-align: center;
    line-height: 35px;
    color: #7e7e7e;
  }
  .contact>ul{
    width: 1000px;
    margin: auto;
    margin-top: 50px;
    display: flex;
    justify-content: space-between;
  }
  .contact>ul>li{
    width: 200px;
    height: 300px;
    text-align: center;
  }
  .contact>ul>li>p:nth-child(1){
    width: 70px;
    height: 70px;
    border-radius: 50%;
    border: 1px solid #8bc34a;
    margin: 20px auto;
    text-align: center;
  }
  .contact>ul>li>p>img{
    width: 30px;
```

```
  height: 25px;
  margin-top: 23px;
}
.contact>ul>li>p:nth-child(2){
  font-size: 18px;
  margin-top: 40px;
}
.contact>ul>li>p:nth-child(3){
  line-height: 50px;
  color: #AFAFAF;
}
/* 联系我们表单部分 */
.link-content{
  width: 1000px;
  height: 400px;
  margin: auto;
  margin-bottom: 30px;
  display: flex;
  justify-content: space-between;
}
.customer{
  width: 400px;
  margin-top: -100px;
}
.customer>img{
  width: 400px;
}
.link-form{
  width: 400px;
  height: 300px;
  margin-top: 20px;
}
.link-input{
  width: 100%;
  height: 50px;
  line-height: 40px;
  margin-bottom: 20px;
}
.link-input>label>span{
  color: #F00;
}
.link-input>input{
  width: 300px;
  height: 40px;
  border: 1px solid #cfcfcf;
  border-radius: 5px;
  margin-left: 15px;
  text-indent: 5px;
```

```
}
.link-form>input[type=button]{
  width: 80px;
  height: 40px;
  border: none;
  background-color: #008000;
  color: #fff;
  border-radius: 5px;
  cursor: pointer;
  margin-left: 150px;
  margin-top: 20px;
}
```